José Ferrer
Eudaldo Acosta

Bioprocessos em Engenharia Química

José Ferrer
Eudaldo Acosta

Bioprocessos em Engenharia Química

Fundamentos dos Fenómenos de Transporte em Transferência de Massa em Processos Biotecnológicos da Agroindústria

ScienciaScripts

Imprint

Any brand names and product names mentioned in this book are subject to trademark, brand or patent protection and are trademarks or registered trademarks of their respective holders. The use of brand names, product names, common names, trade names, product descriptions etc. even without a particular marking in this work is in no way to be construed to mean that such names may be regarded as unrestricted in respect of trademark and brand protection legislation and could thus be used by anyone.

Cover image: www.ingimage.com

This book is a translation from the original published under ISBN 978-620-8-11678-1.

Publisher:
Sciencia Scripts
is a trademark of
Dodo Books Indian Ocean Ltd. and OmniScriptum S.R.L publishing group

120 High Road, East Finchley, London, N2 9ED, United Kingdom
Str. Armeneasca 28/1, office 1, Chisinau MD-2012, Republic of Moldova, Europe
Printed at: see last page
ISBN: 978-620-8-16453-9

Índice

RESUMO

Avaliará a transferência de oxigénio na fermentação em estado sólido, estabelecendo os coeficientes de transferência de massa de oxigénio através de modelos matemáticos, derivados de modelos físicos de transferência de massa e utilizando dados obtidos em experiências anteriores de trabalhos de licenciatura. Os dados utilizados foram obtidos em processos de fermentação em estado sólido, utilizando resíduos agro-industriais (bagaço de uva) em que foi utilizada aeração forçada em diferentes vazões de aeração (30 L/min, 50 L/min, 80 L/min e 140 L/min) e tempo de aeração de duas a três horas e extraídos dados da cinética de crescimento microbiano (fungos e bactérias). Para cada fase (gás e líquido), calculou-se o coeficiente de difusão, necessário para o cálculo dos coeficientes de transferência de massa de oxigénio, o que permitiu calcular o fluxo de massa de oxigénio transferido e, por conseguinte, a concentração global de oxigénio na fase líquida. A concentração de oxigénio obtida para 30 L/min, 50 L/min, 80 L/min e 140 L/min foi de 0,3053 mg/L, 0,4532 mg/L, 0,5564 mg/L e 0,6011 mg/L, respetivamente. Estes resultados confirmam que existe um elevado fornecimento de oxigénio ao bioprocesso, o que afecta a eficácia e a qualidade do composto obtido. A utilização de modelos matemáticos neste trabalho conduziu a uma otimização do fluxo necessário para assegurar um fornecimento ótimo de oxigénio aos microrganismos. O fluxo de ar ideal deve ser de 5 L/min para garantir uma concentração de oxigénio de 0,12 mg/L, que é a quantidade média consumida pelos microrganismos durante o processo de fermentação.

Palavras chave: fermentação em estado sólido, coeficientes de transferência de massa de oxigénio, resíduos agro-industriais, arejamento forçado.

INTRODUÇÃO

É um facto que a quantidade de resíduos resultantes das actividades industriais aumenta diariamente em todo o mundo, tornando necessário o desenvolvimento de novas alternativas para uma gestão adequada dos resíduos, a fim de evitar problemas de poluição ambiental.

Entre os métodos adequados para a gestão e aproveitamento de resíduos lignocelulósicos gerados em actividades agrícolas e agro-industriais, como o bagaço de cana-de-açúcar, a polpa de café, a videira ou a casca de laranja, encontra-se a Fermentação em Estado Sólido (FES), tal como a compostagem, que se realiza através da colocação do substrato em pilhas ou no interior de recipientes ou reactores de diferentes geometrias. Uma vez que se trata de um processo aeróbio, o seu desenvolvimento ótimo requer uma disponibilidade adequada de oxigénio, proporcionada por um arejamento forçado ou passivo, que por sua vez permite a manutenção do perfil de temperatura e do teor de humidade necessários à atividade microbiológica. Muitos destes resíduos são compostos por substâncias biodegradáveis e podem ser utilizados através de biotecnologias aplicadas à utilização da biomassa e à redução da poluição ambiental [1].

A Fermentação em Estado Sólido (FES) é definida como o crescimento de microrganismos em meios sólidos ou semi-sólidos na ausência de água livre [2].

Na Venezuela, a atividade agroindustrial da uva branca para a produção de bebidas, vinagre e outros produtos gera grandes quantidades de resíduos, como cascas, sementes e talos, tornando-se um resíduo agroindustrial de grande volume. Esses resíduos servem de matéria-prima para o desenvolvimento de alternativas biotecnológicas como a Fermentação em Estado Sólido, que permite produzir adubo orgânico [3, 4, 5].

Em várias actividades industriais, são produzidas grandes quantidades de resíduos, compostos por substâncias biodegradáveis, que são frequentemente subutilizadas, conduzindo a problemas significativos de poluição ambiental, apesar do seu potencial como matérias-primas para produzir combustíveis, biomassa, alimentos, produtos químicos, produtos farmacêuticos e outros produtos [6, 7].

Os processos de fermentação em estado sólido constituem uma alternativa segura e económica para a transformação destes resíduos, uma vez que não requerem grandes quantidades de energia e produzem produtos de alta qualidade.

Para estes processos, é importante ter em conta as necessidades de oxigénio, uma vez que o fornecimento excessivo pode ser tóxico, enquanto que o fornecimento insuficiente pode ser insuficiente para a população microbiana envolvida no processo de fermentação [8, 9].

Para determinar a quantidade necessária de oxigénio que os microrganismos necessitam num meio de estado sólido, é essencial compreender os modelos matemáticos que estabelecem o fluxo de massa de oxigénio, o que permitirá o desenvolvimento adequado da biomassa e um processo de fermentação eficiente.

Vários modelos derivados de teorias de meios porosos baseadas na Lei de Darcy têm sido propostos para descrever os parâmetros físicos e a dinâmica do fluxo de ar através de várias matrizes orgânicas, com resultados bons ou aceitáveis, como o modelo semi-empírico de Ergun. No entanto, estes modelos dependem do material ou substrato utilizado, e as constantes do modelo dependem do grau de correlação com valores obtidos através de diferentes métodos de medição, originalmente concebidos para caraterizar pequenas quantidades de meios porosos como rochas e solos, que não fornecem valores representativos para a matriz sólida orgânica [1].

A utilização de modelos matemáticos estabelecidos por teorias de fenómenos de transporte permitirá a determinação exacta dos requisitos de oxigénio necessários para o desenvolvimento adequado dos microrganismos e, consequentemente, para um processo de fermentação eficiente.

O objetivo deste trabalho foi avaliar o efeito da transferência de oxigénio no desenvolvimento microbiano durante o processo de fermentação em estado sólido, utilizando modelos matemáticos de fenómenos de transporte para estabelecer os coeficientes de transferência de massa do bioprocesso e dados experimentais de fluxo de ar e crescimento microbiano provenientes de estudos científicos [3, 5, 7, 10, 11]. Assim, foi realizada a transferência de massa envolvida na fermentação e estabelecida a relação entre as necessidades de oxigénio para o desenvolvimento microbiano e a sua capacidade de difusão da fase gasosa para a interface líquido-sólido do bioprocesso.

CAPÍTULO 1. QUADRO TEÓRICO

1.1 Fermentação em estado sólido

1.1.1 Definição

A Fermentação em Estado Sólido (FES) é a técnica de cultivo aeróbio ou anaeróbio de microrganismos que se desenvolvem na superfície ou no interior de uma matriz sólida porosa, que tem uma ausência (ou quase ausência) de água livre, mas humidade suficiente para assegurar o crescimento e o metabolismo dos microrganismos. A técnica SSF tem sido utilizada por numerosos investigadores para enriquecer substratos agrícolas com proteínas, produzir enzimas e outros metabolitos primários e secundários, oferecendo alternativas na utilização de resíduos agro-industriais. Isto porque geralmente requer baixo consumo de energia, produz baixas quantidades de águas residuais, entre outros benefícios [1, 2, 6, 12].

Foram desenvolvidas muitas patentes e publicações sobre aspectos fundamentais da SSF, incluindo o desenvolvimento de biorreactores (fermentadores), a modelação e a produção de produtos de fermentação, entre outros [6].

1.1.2 Aspectos gerais das fermentações em estado sólido

Há muitos aspectos importantes a considerar no desenvolvimento de qualquer bioprocesso em fermentações em estado sólido, incluindo a seleção do microrganismo e substrato adequados, a otimização dos parâmetros do processo e a purificação e armazenamento do produto. No que diz respeito à classificação dos microrganismos, os fungos e as leveduras são os mais utilizados em SSF de acordo com a teoria da atividade da água, uma vez que as populações bacterianas não são eficientes em níveis elevados de atividade da água. No entanto, a experiência tem demonstrado que as populações bacterianas podem ser controladas e manipuladas para processos de SSF.

A seleção de um substrato adequado é outro aspeto fundamental da SSF que fornece o ambiente e os nutrientes necessários. Estes substratos podem ser resíduos agrícolas, resíduos agro-industriais ou suportes inertes. A seleção de um substrato conduz frequentemente à seleção do microrganismo mais adequado para esse substrato específico.

Outro tópico importante é a seleção dos parâmetros do processo e a sua otimização. Estes incluem parâmetros físico-químicos e bioquímicos tais como, tamanho da partícula, humidade inicial, pH e pré-tratamento do substrato, humidade relativa, temperatura de incubação, agitação e arejamento, idade e tamanho do inóculo, suplemento de nutrientes tais como nitrogénio, fósforo e oligoelementos, fontes adicionais de carbono e indutores, extração de produtos e sua purificação, entre outros [6].

1.1.2.1 Substratos utilizados na SSF (Fermentação em estado sólido)

Os resíduos agro-industriais têm caraterísticas físico-químicas adequadas para serem utilizados como substratos em bioprocessos de fermentação em estado sólido. A sua composição química, caracterizada pela presença de polissacáridos como a celulose e a hemicelulose, é crucial como fonte de carbono. No entanto, a presença de lenhina constitui um fator de perturbação na disponibilidade destes polissacáridos para o desenvolvimento microbiano [13, 14, 15]. Por outro lado, as várias formas de partículas destes materiais aumentam a área de superfície disponível para o desenvolvimento microbiano, modificando as dimensões das partículas através de pré-tratamentos mecânicos e melhorando a acessibilidade dos nutrientes através de pré-tratamentos químicos e enzimáticos [3, 14, 16, 1].

Entre os substratos mais utilizados estão: bagaço de mandioca [17], cana-de-açúcar [7], laranjas, maçãs, uvas [1, 18, 3, 19, 20, 21, 14], azeitonas e tomates [22], cascas e polpas de café [23, 24, 25], farelo de trigo, palha de arroz, palha de trigo, farinha de trigo, farinha de milho [12, 26, 6], torta de prensa de óleo [22], resíduos de vinagre [27] e okara (resíduo gerado na preparação de queijo de soja) [28]. No entanto, o substrato ideal é aquele que fornece aos microrganismos todos os nutrientes necessários para o metabolismo celular e fermentativo. Se alguns nutrientes não estiverem presentes em níveis adequados, é necessário utilizar suplementos de fontes externas.

A seleção de um resíduo agroindustrial para ser utilizado como substrato depende dos seguintes factores: custo, disponibilidade de quantidades adequadas para justificar a aplicação industrial e a possibilidade de armazenamento sem causar deterioração morfológica e microbiológica [29, 17].

Na Venezuela, o bagaço de cana-de-açúcar, a polpa de café e o bagaço de uva são os resíduos agro-industriais mais utilizados na fermentação em estado sólido para produzir fertilizantes orgânicos, silagem, ração animal e soluções nutritivas para culturas hidropónicas [20, 24, 23, 3, 19, 21].

1.1.3 Aspectos de engenharia bioquímica em fermentações em estado sólido

Durante os processos de fermentação em estado sólido (SSF), a libertação de grandes quantidades de calor é diretamente proporcional à atividade metabólica dos microrganismos, fazendo com que o produto se degrade e se acumule no leito. No início do processo de fermentação, a concentração de oxigénio e a temperatura são uniformes em todo o substrato, mas à medida que o processo continua, a transferência de oxigénio aumenta, levando à geração de calor. Para evitar esta situação, utiliza-se o arejamento e a evaporação da água para controlar a humidade e a temperatura durante a fermentação. Outra estratégia é a utilização de microrganismos termofílicos. A transferência de calor, seja para dentro ou para fora do sistema, está relacionada com o arejamento fornecido ao sistema de fermentação.

A diminuição da porosidade do substrato resulta num aumento da humidade, o que dificulta a penetração do oxigénio. Por outro lado, um baixo teor de humidade pode dificultar a acessibilidade dos nutrientes, resultando num baixo crescimento microbiano [12, 6].

1.1.3.1 Microrganismos utilizados na fermentação em estado sólido

Os microrganismos envolvidos principalmente neste tipo de fermentação incluem estirpes puras de fungos filamentosos, misturas de estirpes puras de fungos com estirpes geneticamente modificadas (para trabalhar em simbiose) e misturas de estirpes virgens nativas dos substratos utilizados.

Entre as estirpes puras utilizadas, os géneros mais comuns foram *Aspergillus* [30, 31, 29, 32], *Rhizopus* [13], *Trichoderma* [33], *Penicillium* [34, 12], *Gliocladium* [35], *Saccobolus* [26], *Basidiomycete* [17], *Pleurotus* [36], *Phanerochaete* [35] e *Coriolus* [17].

Relativamente à utilização de misturas de fungos, foram cultivados *Aspergillus ellipticus* e *Aspergillus fumigatus* e melhoraram a atividade hidrolítica e a produção de β-glucosidase em comparação com o seu desempenho quando utilizados separadamente [6]. Além disso, foi utilizada uma estirpe mutante de *Trichoderma reesei* combinada com uma estirpe de *Pleurotus sajor-caju*, resultando num aumento da concentração da enzima celulase [35]. *O Trichoderma reesei* e *o Aspergillus phoenicus* foram utilizados para aumentar a produção da enzima xilanase em comparação com a utilização individual [17].

1.1.3.2 **Atividade da água (aw) em fermentações em estado sólido**

A atividade da água (aw) do substrato tem uma influência decisiva na atividade microbiana. Em geral, o tipo de microrganismo que pode crescer em sistemas SSF é determinado pela aw. A aw de um meio é considerada um parâmetro fundamental para a transferência de massa de água e solutos através das células microbianas [6].

Os papéis da água nos sistemas biológicos são numerosos e os mecanismos da sua ação e interação com as moléculas orgânicas não são totalmente compreendidos. As duas funções fundamentais são:

- Função de solvente: A água actua como um solvente a nível celular, fornecendo nutrientes e removendo resíduos ou metabolitos numa forma dissolvida.

- Função estrutural: A água está envolvida na estabilidade e função das estruturas biológicas organizadas a nível molecular e celular. A nível molecular, a água estabiliza a estrutura dos biopolímeros, como as proteínas, os nucleótidos e os hidratos de carbono. A nível celular, as moléculas de água estabilizam a estrutura laminar das membranas plasmáticas e a permeabilidade das membranas. No meio intracelular, as moléculas de água ligam-se a outras moléculas, como polióis, açúcares ou enzimas, contribuindo para a manutenção do volume da célula, especialmente quando colocada num meio hipertónico e particularmente durante condições de dessecação ou congelação.

Estas diferentes funções da água realçam a sua importância no metabolismo dos fungos que se desenvolvem através da fermentação em estado sólido (SSF). Consequentemente:

- Se a quantidade de água se tornar insuficiente e não permitir a difusão adequada de solutos e gases, o metabolismo da célula abranda ou pode parar devido à falta de substratos ou à elevada concentração de metabolitos inibidores dentro ou perto da célula.

- Se a quantidade de água intracelular ou extracelular não permitir a manutenção das propriedades funcionais de certas enzimas, a sua inatividade cria um desequilíbrio na cadeia metabólica das células.

- Se a transferência de água induzida pela pressão da água causar a desnaturação da estrutura mecânica da membrana plasmática, todas as propriedades de permeabilidade e transporte através da membrana são afectadas e a célula é perturbada.

Para a maioria das espécies de fungos filamentosos, os meios em estado sólido representam o seu habitat natural. O crescimento pode ocorrer na superfície ou em todo o substrato, dependendo da sua porosidade. O crescimento e o metabolismo dos microrganismos ocorrem na fase líquida, enquanto a difusão de soluto, bem como a transferência de gás dissolvido, ocorre na película aquosa que envolve os microrganismos. A difusão do soluto no substrato deve ocorrer na fase líquida, e a difusão do gás pode ocorrer tanto na fase líquida como na fase gasosa. Assim, a substituição da fase aquosa pela fase gasosa aumenta a transferência de oxigénio, mas impede a difusão de soluto na maioria dos substratos.

Na maioria dos casos, as três fases (sólida, líquida e gasosa) estão presentes, mas não nas mesmas proporções, o que modifica as propriedades cinéticas, difusionais, reológicas e termodinâmicas (aw, pressão osmótica). As fermentações em estado sólido, caracterizadas por uma fase líquida reduzida, apresentam uma viscosidade elevada. Os meios de estado sólido podem ser definidos por uma elevada viscosidade e possibilidades de mistura descontínuas e são considerados um meio heterogéneo em termos de população microbiana e concentração de soluto.

Nas fermentações em estado sólido, existem três alternativas que podem ser utilizadas para aumentar a homogeneidade da população microbiana e, consequentemente, a concentração de soluto:

- Mistura sequencial.

- A utilização de microrganismos móveis, principalmente fungos filamentosos, permite-lhes colonizar novos substratos com elevados níveis de nutrientes.

O arejamento forçado através do substrato sólido, que permite controlar o teor de água e, por conseguinte, a atividade da água; a remoção dos componentes voláteis e do CO_2 juntamente com o calor produzido durante a fermentação; e o fornecimento de O_2 para o metabolismo aeróbio.

Foi demonstrado que o crescimento de fungos filamentosos depende da aw, temperatura, glucose, O_2, CO_2, e concentração de nutrientes. O crescimento microbiano é altamente sensível a parâmetros ambientais como a temperatura e a atividade da água. Na célula, não existe transporte ativo de água; em vez disso, a água move-se de acordo com o gradiente potencial entre os ambientes intracelular e extracelular. Em meios heterogéneos, a atividade da água está relacionada com a concentração de soluto, as forças capilares e as propriedades de absorção do substrato sólido insolúvel [37].

1.1.3.3 Aeração

Na SSF (Solid-State Fermentation), o arejamento tem duas funções essenciais: o fornecimento de oxigénio para o metabolismo aeróbio e a remoção de CO_2 , calor, vapor de água e componentes voláteis produzidos durante o metabolismo.

A taxa de aeração também depende da espessura da camada e da porosidade do meio. Os efeitos da pressão do oxigénio e do CO_2 na fase gasosa são variáveis importantes que devem ser optimizadas para cada meio, microrganismo e processo. O potencial hídrico pode ser monitorizado através da humidade relativa do ar, e muito do calor produzido seria transferido para o calor latente da água evaporada.

O mecanismo mais importante de transferência de oxigénio é a transferência de massa entre partículas. Isto deve-se ao facto de os microrganismos aeróbios envolvidos na fermentação em estado sólido necessitarem de oxigénio, uma vez que este actua como um aceitador terminal de electrões para a cadeia de transporte de electrões, que é necessária para produzir Adenosina Trifosfato (ATP) como energia. O ponto de orvalho do ar utilizado para o arejamento deve ser definido em função da temperatura do ar de entrada para controlar a humidade relativa do substrato sólido [37, 9].

1.1.3.4 **Humidade**

A humidade é um dos parâmetros mais importantes, uma vez que um excesso (> 60 %) leva a uma diminuição da capacidade de ação dos poros do substrato, reduzindo a difusão do oxigénio e aumentando a contaminação. Inversamente, uma humidade baixa (<30 %) não permite um crescimento adequado dos microrganismos, limitando a disponibilidade significativa de substrato [7, 35].

A humidade relativa do ar aumenta geralmente devido à evaporação. Contudo, numa perspetiva geral, a difusão de gases (O_2 e CO_2) ocorre a taxas muito mais elevadas do que a difusão de solutos no meio líquido e a taxas ainda mais elevadas na fase gasosa. Por conseguinte, essas difusões não constituirão um fator limitante nos processos de SSF [37].

1.1.3.5 **Temperatura**

A regulação da temperatura está diretamente relacionada com o potencial hídrico e o arejamento. A temperatura é um fator que influencia grandemente o crescimento microbiano e, nas fermentações aeróbicas, é produzida uma quantidade significativa de calor durante o crescimento microbiano [37].

Os fungos filamentosos utilizados nos processos de fermentação em estado sólido (SSF) são geralmente mesófilos e crescem de forma óptima a temperaturas entre 29 °C e 35 °C. No entanto, o calor metabólico produzido durante o processo leva a um aumento significativo da temperatura e, se este calor não for rapidamente removido do meio de cultura, pode limitar seriamente o crescimento microbiano [38].

Por conseguinte, uma das principais limitações dos processos de SSF é a dificuldade de remover o excesso de calor devido à baixa condutividade térmica do substrato sólido. Para manter condições óptimas, é necessário remover prontamente o excesso de calor gerado. A transferência de calor por convecção a partir da parede do reator é ineficaz devido à fraca mistura e às limitações na transferência interna de calor.

Na prática, o ar é utilizado para controlar a temperatura nos processos de SSF. A capacidade de calor do ar na saturação máxima da água é menor do que a capacidade de calor da água de arrefecimento em processos de fermentação submersa. Por estas razões, os processos SSF requerem uma grande quantidade de ar, excedendo a quantidade necessária para a respiração microbiana, para controlar automaticamente tanto a humidade como a temperatura [37, 39].

1.1.3.6 **pH (potencial de hidrogénio)**

O controlo do pH durante o processo de fermentação não é um problema, desde que a aerobiose seja mantida. Cada espécie de microrganismo é caracterizada por valores mínimos e máximos de pH que definem os limites da gama de pH onde é possível um crescimento ótimo. O valor de pH recomendado para qualquer espécie é aquele que proporciona a taxa de crescimento mais elevada. Em geral, os fungos toleram uma gama de pH entre 5 e 8, enquanto as bactérias têm uma gama de tolerância mais baixa, entre 6 e 7,5. O pH ótimo deve ser encontrado entre 6,5 e 7,5, uma vez que se observa que este intervalo é benéfico para a maioria dos microrganismos. O nível de pH (neutralidade, acidez ou alcalinidade) determina as caraterísticas dos produtos intermédios e finais [7, 9].

1.1.3.7 Determinação da biomassa em SSF

A determinação da biomassa e o controlo da cinética de crescimento dos fungos filamentosos são aspectos biotecnológicos fundamentais que distinguem fundamentalmente a fermentação em estado sólido (SSF) da fermentação submersa. No caso da fermentação submersa, que envolve principalmente bactérias e leveduras, a determinação da biomassa e a caraterização da cinética de crescimento são efectuadas utilizando métodos colorimétricos e métodos de separação mecânica (filtração, centrifugação), uma vez que a biomassa não penetra no substrato, formando uma estrutura inseparável, ao contrário do que acontece na fermentação em estado sólido.

Os métodos utilizados para a determinação da biomassa em SSF incluem filtros de membrana, taxa de respiração microbiana, espetroscopia de reflectância de infravermelhos, alterações na glucosamina, ergosterol ou açúcares totais na constituição fúngica e medição do consumo de CO_2 e O_2 [17].

1.1.4 Modelação da Fermentação em Estado Sólido

A informação disponível sobre a cinética das reacções em sistemas SSF é insuficiente. Este facto deve-se às dificuldades na medição dos parâmetros de crescimento, na análise do crescimento celular e na determinação do consumo de substrato, entre outros factores, devido à natureza heterogénea do substrato, que é estrutural e nutricionalmente complexo. A cinética das fermentações é sensível às variações do ambiente e da composição dos gases. O crescimento celular dos microrganismos pode ser determinado medindo a alteração das composições gasosas dentro do bioreactor. Isto também pode ser determinado pela digestão do substrato, aquecimento e centrifugação do substrato, utilizando a reflectância da luz, medindo os níveis de ácido desoxirribonucleico (ADN) através dos níveis de glucosamina, conteúdo proteico, taxa de absorção de oxigénio e taxa de evolução do dióxido de carbono [6].

1.1.5 Conceção de bioreactores em fermentação em estado sólido

O princípio básico dos processos de SSF é o leito de substrato sólido. Este leito contém o soluto húmido e uma fase interpartículas vazia. Convencionalmente, os fungos filamentosos são utilizados na maioria dos casos, uma vez que crescem na superfície da partícula e penetram através dos espaços interpartículas até ao fundo do leito. Na maioria dos casos, o processo é aeróbico. Embora os fermentadores de tabuleiro e de tambor tenham sido estudados e utilizados durante muito tempo, os fermentadores de leito empacotado foram desenvolvidos para obter processos económicos e fáceis de manusear [6].

Os biorreactores são classificados em biorreactores de pequena escala ou de laboratório e biorreactores de grande escala ou industriais.

A Tabela 1.1 apresenta os diferentes bioreactores que foram concebidos e implementados à escala laboratorial.

Estes foram desenvolvidos principalmente tendo em conta a dinâmica do fluxo em leitos empacotados, utilizando a convecção forçada através do leito de ar necessário para o metabolismo celular e aumentando as dimensões das geometrias cilíndricas (coluna, Zymotis, Growtek). Por outro lado, para melhorar a transferência de calor para o exterior do biorreactor, existem aqueles cuja dinâmica de fluxo é estabelecida através da utilização de tambores perfurados rotativos com ou sem deflectores (tambor rotativo).

No que diz respeito aos biorreactores de grande escala, o Quadro 1.2 apresenta uma compilação dos que foram concebidos e implementados a nível comercial.

Quadro 1.1 Bioreactores à escala laboratorial

Tipo de bioreactor	Aspectos relevantes	Referência
Coluna	São colunas de vidro com um diâmetro de 22 mm e uma altura de 210 mm, cheias com 20 g de material sólido pré-inoculado, colocadas num banho de água com temperatura regulada e com um fluxo de ar saturado com água a 5 L/h através do material sólido. *O Aspergillus niger* foi utilizado como estirpe pura e os resíduos de mandioca como substrato.	[22]
Coluna	São colunas de vidro com diferentes diâmetros e diferentes alturas de material sólido. Foram utilizadas para a produção de glucoamilase a partir de uma estirpe pura de *Aspergillus niger* e com bagaço de cana de açúcar como substrato. A coluna com 18 cm de material sólido produziu a quantidade máxima de enzima em 48 horas, com um fluxo de ar de 1,5 L/h.	[35]
Tambor perfurado	Mistura do substrato sólido em contentores horizontais por rotação (com ou sem deflectores). Neste caso, o calor gerado é minimizado.	[40]
Cama embalada Zymotis	São modificações de biorreactores de leito empacotado com placas internas, através das quais a água circula à temperatura ideal.	[38]
Tipo de Growtek	Este tipo de bioreactor tem um recipiente cilíndrico com um diâmetro de 11,3 cm e uma altura de 16 cm. No interior do bioreactor, existe um flutuador com uma base perfurada e uma área de 72 cm². A fermentação do substrato sólido inoculado tem lugar no topo do flutuador, enquanto uma solução salina líquida é mantida por baixo do flutuador. Os produtos formados durante o processo de fermentação drenam para o meio líquido.	[6]

Quadro 1.2 Bioreactores à escala industrial

Tipo de bioreactor	Aspectos relevantes	Referências
Tipo Koji	Bioreactores de tabuleiro (madeira, plástico, metal). Os tabuleiros são dispostos verticalmente e colocados numa câmara com controlo de temperatura e circulação de ar. A vantagem desta conceção é que o aumento de escala é facilitado pelo simples aumento do número de tabuleiros, mas a desvantagem é a dificuldade de esterilização e a utilização de grandes espaços.	[17, 44]
PlaFractor™ type	Bioreactor concebido pela Biocon, Índia, para substituir os tabuleiros, a câmara de incubação e os mecanismos de extração nos processos semi-automáticos de cultura em tabuleiro por um sistema compacto.	[1, 28]
Tipo de cama embalada	Trata-se de modificações dos bioreactores de coluna à escala laboratorial. Apresentam uma malha no fundo do cilindro vertical para suportar o substrato, permitindo a passagem de ar por convecção forçada através do leito estático. O calor produzido na coluna é minimizado através do aumento da humidade do ar que entra no reator. A queda de pressão através do leito é um fator a considerar devido à presença de canais no leito.	[41, 2]
Tipo de tambor rotativo	Neste tipo de bioreactor, o substrato é misturado com o microrganismo através de rotação, que pode ser contínua ou intermitente, dependendo da altura do leito e da velocidade de rotação. Alguns factores críticos que afectam o funcionamento destes bioreactores incluem o tipo de substrato, a altura do leito, a fisiologia fúngica e a dimensão das partículas do substrato. A incorporação de deflectores melhora o desempenho destes sistemas.	[42, 44]
Tipo de leito fluidizado	O substrato é fluidizado pelo fluxo de ar a partir de baixo. A coluna do equipamento é suficientemente grande para permitir a expansão do leito. No topo, a coluna alarga-se para separar o sólido da corrente de ar. A principal vantagem deste tipo de bioreactor é a manutenção de condições uniformes em todo o substrato e o aumento da área de contacto.	[43, 44]

1.1.6 **Aplicações e avanços nos processos de fermentação em estado sólido**

As fermentações em estado sólido têm inúmeras aplicações importantes, tais como o enriquecimento proteico de substratos agrícolas, a produção de metabolitos ou enzimas, a desintoxicação e a valorização de resíduos agrícolas através da ensilagem ou compostagem [12].

1.1.6.1 **Enriquecimento proteico de produtos agrícolas**

Desde a antiguidade, os alimentos tradicionais têm sido preparados utilizando processos de PSS em vários países. A diversidade de alimentos e bebidas produzidos através deste processo em países do Extremo Oriente, África, Europa e América Latina ainda não é totalmente conhecida. Vários produtos agrícolas e materiais residuais (farinha de mandioca, resíduos de banana, bagaço de cana de açúcar, polpa de café, bagaço de copra) têm sido utilizados como substratos para produzir alimentos enriquecidos com proteínas e rações para animais. Embora os resultados obtidos a nível laboratorial e de instalações-piloto tenham sido prometedores em termos de enriquecimento proteico, ainda não existem exemplos de produção à escala industrial de alimentos para animais. De uma perspetiva económica, é mais atraente produzir biopesticidas, probióticos, enzimas e outros metabolitos através da SSF [12].

1.1.6.1.1 **Produção de alimentos para animais**

Um dos métodos mais promissores para a produção de proteínas não convencionais é a fermentação em estado sólido de resíduos lignocelulósicos. Isto deve-se, em primeiro lugar, aos grandes volumes destes resíduos produzidos anualmente em todo o mundo e, em segundo lugar, às vantagens que os sistemas SSF têm sobre as fermentações submersas convencionais.

Tanto a cana-de-açúcar como os seus resíduos agro-industriais são utilizados na produção de rações enriquecidas com proteínas através da SSF. Em Cuba, foram obtidos produtos como *a Saccharina* e *o Bagarip*, que se destacam pelas suas aplicações como substitutos parciais de alimentos tradicionais e como suplementos alimentares para certos animais [45].

Outros produtos obtidos a partir do enriquecimento proteico da cana-de-açúcar através da SSF são as forragens enriquecidas com proteínas, feitas a partir de cana-de-açúcar crua finamente triturada, utilizando uma estirpe de *Aspergillus niger* e nutrientes como sulfato de amónio, ureia e fosfato monoamónico. O processo, que dura entre 30 e 40 horas, é realizado em um reator hexagonal em forma de bandeja com fornecimento contínuo de ar. Como resultado dos estudos realizados para o melhoramento *da Sacarina*, foi desenvolvida a tecnologia de produção do *Bagarip* (bagaço rico em proteínas), resolvendo as principais deficiências das tecnologias anteriores. Este alimento e a sua tecnologia de produção estão registados em Cuba [45].

Este alimento melhorado permite substituir os alimentos tradicionais sem efeitos negativos na produção e na saúde dos animais: até 11 % nos frangos de carne, 20 % nas galinhas poedeiras e nos porcos de pré-engorda e 60 % nos coelhos de engorda. Durante a estação seca, a produção de leite aumentou em 1,8 litros por vaca e por dia, sem alterar a sua qualidade. O bagarip pode ser utilizado na dieta de aves de capoeira, suínos e coelhos como substituto parcial de alimentos tradicionais e como suplemento na dieta de ruminantes alimentados com forragem [45].

Bagarip demonstra a possibilidade de enriquecer os resíduos da colheita da cana-de-açúcar com proteínas a níveis entre 6 % e 10 %. O fungo filamentoso *Aspergillus terreus* H6-39-4 foi selecionado como o mais adequado, e vários parâmetros que influenciam o processo foram optimizados [45].

1.1.6.1.2 Produção de alimentos para consumo humano

O conhecimento sobre os fungos avançou de tal forma que é atualmente um foco de investigação para numerosos especialistas. Novos conhecimentos têm surgido, incluindo aspectos taxonómicos, ecológicos e nutricionais e, mais recentemente, tópicos farmacológicos e bioquímicos. Um dos aspectos mais explorados é a sua utilização como alimento humano, devido à sua fácil propagação em massa em substratos naturais e às suas propriedades organolépticas. Algumas espécies destacam-se pelo seu valor nutricional, nomeadamente pela sua qualidade proteica, tendo sido implementadas tecnologias de cultivo comercial para a sua produção.

Os fungos do género Pleurotus são agentes biológicos potentes que convertem subprodutos orgânicos não comestíveis em alimentos humanos com boa palatabilidade. Além disso, permitem a produção de alimentos independentemente do processo de fotossíntese. A sua eficiência de conversão de proteínas por unidade de área e por unidade de tempo é muito superior à das fontes de proteína animal. Entre as vantagens do cultivo de Pleurotus estão a sua capacidade de crescer em climas tropicais, a simplicidade da tecnologia de produção e a capacidade de usar uma vasta gama de substratos, incluindo uma grande variedade de subprodutos agrícolas e industriais, como palha de arroz, bagaço de cana de açúcar, polpa de café, resíduos de cacau e erva seca, entre outros. A produção de cogumelos comestíveis do género Pleurotus para utilizar a sua biomassa como alimento e como fonte comercial de suplementos dietéticos é uma alternativa promissora, uma vez que o processo biotecnológico utilizado é relativamente simples [46].

1.1.6.2 Produção de enzimas

O estudo da produção de enzimas em meio sólido utilizando meios de cultura sintéticos impregnados num suporte inerte permite examinar o comportamento dos fungos filamentosos em relação à composição do meio de cultura, a influência da atividade da água, a libertação de calor e a transferência de gás [12].

Além disso, a recuperação de metabolitos nestas condições é efectuada por prensagem, o que permite a produção de um produto concentrado. Em contraste, nas culturas sólidas em que o suporte é também o substrato, é difícil avaliar a influência de um único fator no comportamento de um microrganismo, uma vez que estes substratos são frequentemente muito complexos, o que torna difícil determinar os vários parâmetros importantes na cultura sólida [12].

O campo da produção de enzimas através de processos SSF tem tido um crescimento significativo nos últimos anos, com resultados satisfatórios relatados. Um dos avanços propostos é o estudo de duas alternativas para aumentar a eficiência na transformação do bagaço de cana-de-açúcar tratado com cal, demonstrando que múltiplos ciclos de transformação promovem a síntese de enzimas, enquanto a cultura mista é uma alternativa para aumentar o rendimento da síntese de biomassa [47].

Além disso, foi relatada a produção de enzimas celulolíticas a partir de resíduos do processamento de café solúvel e de resíduos da colheita de espigas de milho, com a sua aplicação na alimentação de frangos de carne, utilizando um biorreactor de coluna com uma capacidade de 6,6 kg de substrato, produzindo resultados favoráveis [48]. Também foram obtidos resultados positivos na produção de uma preparação multienzimática em pó a partir de um extrato com atividade de fitase e outras enzimas hidrolíticas (pectinase, celulase e xilanase) obtidas por SSF a partir de cascas de citrinos utilizando a estirpe *Aspergillus niger*.

1.1.6.2.1 **Produção de molho de soja**

No Japão, os processos SSF são utilizados comercialmente para a produção de enzimas. Isso é comum porque o Japão é um grande produtor de molho de soja, e a fermentação em estado sólido (chamada fermentação "*koji*") é parte integrante do processo de produção de molho de soja. As principais enzimas produzidas durante a fase de crescimento do *Aspergillus oryzae* nas fissuras da soja e do trigo são a amilase e a protease, que são utilizadas para hidrolisar totalmente os substratos.

É natural, então, que o Japão tenha uma indústria de engenharia muito ativa centrada no fornecimento de equipamento de fermentação de estado sólido para a indústria do molho de soja [28]. A estreita colaboração entre os principais produtores de molho de soja (Kikkoman Shoyu http://www.kikkoman.com) e um fornecedor de equipamentos (Fujiwara

Technoart http://www.fujiwara-jp.com) levou a várias inovações no design de equipamentos para a produção de molho de soja. Alguns destes equipamentos foram adaptados para produzir enzimas industriais e, além da amilase e da protease, a glucoamilase, a celulase, a tanase, a pectinase, a xilanase, as lipases, a fitase e o extrato microbiano também podem ser produzidos comercialmente através de processos SSF [28].

A investigação inicial da Biocon comparou os perfis de metabolitos das enzimas produzidas por fermentação em estado sólido com enzimas equivalentes produzidas por fermentação submersa. Os resultados concluíram que as enzimas comerciais produzidas em condições de estado sólido eram mais ricas em sítios activos em comparação com as enzimas comerciais da fermentação submersa quando normalizadas para a mesma atividade primária. Por exemplo, uma enzima beta-glucanase útil para a indústria cervejeira continha 17% de xilanase quando produzida por SSF, mas quando a mesma estirpe era utilizada em fermentação submersa, o teor de xilanase era de apenas 12%, quase 30% inferior. Do mesmo modo, uma poligalacturonase produzida por SSF continha cerca de 90% de pectina esterase, enquanto a mesma estirpe produzia apenas 10% de pectina esterase quando cultivada em fermentação submersa [28].

Na indústria de processamento de alimentos, a maioria dos substratos enzimáticos são matérias-primas naturais, como grãos, frutas ou vegetais. Estes materiais são sempre compostos por uma variedade de ingredientes complexos como amido, xilenos, celulose, proteínas, gorduras e outros. É perfeitamente compreensível que as enzimas produzidas por fermentação em estado sólido tenham feito um melhor trabalho na conversão destes materiais naturais, resultando em rendimentos mais elevados [28].

1.1.6.3 Produção de biopesticidas

Atualmente, os pesticidas biológicos oferecem muitas vantagens em relação aos químicos, uma vez que não causam degradação ambiental, não afectam o desenvolvimento das plantas, são menos dispendiosos de produzir e não conduzem ao aparecimento de novas pragas ou de pragas secundárias [49].

No Centro Nacional de Eletromagnetismo Aplicado da Universidade do Oriente, em Cuba, foi realizado um estudo de desenvolvimento de fermentação em estado sólido com uma estirpe do fungo Trichoderma. A experiência envolveu a utilização de bagaço de cana-de-açúcar enriquecido com ureia e sulfato de amónio como substrato numa instalação de controlo, e outra instalação tratada com um campo eletromagnético, seguindo as mesmas técnicas operacionais que no controlo, com a estirpe a ser tratada magneticamente [49].

De acordo com os seus resultados, o fungo produz concentrações de esporos mais rapidamente sob o efeito do tratamento magnético em comparação com a experiência de controlo. Isto demonstra que é possível reduzir a poluição ambiental causada pelos resíduos agrícolas, como o bagaço de cana e a serradura, utilizando-os como substratos para a produção de biopesticidas [49].

1.1.6.4 Compostagem

A aplicação da compostagem não perturba o equilíbrio do solo e induz vários efeitos positivos na biologia do solo, bem como nas suas condições físicas e químicas. Também desempenha um papel na supressão de doenças através de mecanismos biológicos como a antibiose, o parasitismo e a competição por microrganismos antagónicos responsáveis pela prevenção de doenças [50].

Sendo uma prática antiga, a compostagem é mencionada várias vezes na Bíblia. Marcus Cato, um agricultor e cientista que viveu em Roma há dois mil anos, considerava a compostagem como um potenciador do solo essencial para manter a terra fértil e produtiva, afirmando que todos os resíduos alimentares e animais deviam ser compostados antes de serem adicionados ao solo. No século XIX, os escritores, agricultores e agricultores já tinham conhecimento da compostagem.

Atualmente, a compostagem é um processo aeróbio que combina as fases mesófila (15 °C a 45 °C) e termofílica (45 °C a 70 °C) para transformar os resíduos orgânicos num produto estável que pode ser aplicado ao solo como fertilizante. A definição mais amplamente aceite é: "A decomposição biológica aeróbia de resíduos orgânicos em condições controladas".

Alguns dos objectivos da compostagem incluem a estabilização da matéria orgânica putrescível, a morte de microrganismos patogénicos e de sementes de ervas daninhas, a obtenção de um produto final uniforme, estéril e relativamente seco, sem odores, e a produção de um fertilizante e condicionador do solo.

As vantagens fundamentais da compostagem residem na sua conceção ecológica, uma vez que devolve uma parte dos resíduos à natureza numa forma que não só é compatível com ela, mas também necessária, fornecendo os componentes húmicos de que os solos necessitam [5].

Para atingir estes objectivos, foram concebidos e utilizados vários métodos e sistemas tecnológicos que permitem caraterizar e classificar com base na gestão específica de cada fator envolvido no processo de humificação (temperatura, arejamento, humidade e pH). Isto ajuda a determinar as diferentes variantes que podem ser aplicadas a este método natural de preparação de fertilizantes orgânicos [7].

As vantagens da compostagem são:

- Economia espacial nos aterros sanitários.
- Utilização da matéria orgânica na agricultura e na jardinagem.
- Reciclagem de nutrientes para o solo.
- Processo ambientalmente seguro.
- Eliminação de agentes patogénicos.

Os resíduos sólidos mais adequados para a compostagem são os que contêm compostos fermentáveis, como os resíduos agrícolas, os subprodutos da indústria alimentar e as lamas de depuração. Quando são proporcionadas condições adequadas, como humidade e arejamento, a população microbiana cresce e degrada as partes orgânicas dos resíduos. Se os resíduos estiverem presentes em quantidades suficientes, actuam não só como substrato mas também como isolante, retendo o calor libertado pela respiração microbiana e atingindo temperaturas superiores à temperatura ambiente.

A compostagem resulta numa redução de 25 % - 35 % (em base seca) do material residual. Esta perda de peso deve-se ao CO_2 e ao H_2O libertados pelo crescimento microbiano [5].

De acordo com estudos recentes, a utilização futura da compostagem como instrumento de gestão de resíduos sólidos sugere que a compostagem irá aumentar nos próximos anos. Uma investigação alargada revelou que uma grande quantidade de resíduos orgânicos pode ser degradada por esta técnica, tornando-a um método eficiente e económico [7].

CAPÍTULO 2: MÉTODOS

2.1 Tipo de investigação

A investigação realizada foi de natureza avaliativa com um desenho documental, onde se avaliou o efeito da transferência de oxigénio no desenvolvimento da população microbiana no processo de fermentação em estado sólido.

Para atingir o objetivo, foi necessário estabelecer a variável: Taxa de fluxo de ar, que foi utilizada para comparar os resultados obtidos através da resolução de correlações matemáticas. A teoria dos fenómenos de transporte foi aplicada para determinar a taxa de arejamento correta para um processo mais eficiente e para obter valores de variáveis de saída - como a temperatura, o pH, a população microbiana, a humidade e a relação C/N - mais próximos da realidade.

2,2 Metodologia analítica

Utilizando os princípios dos fenómenos de transporte, foi estabelecido o modelo físico de transferência de massa de oxigénio e o modelo matemático derivado da teoria da dupla resistência. Este modelo evidenciou a necessidade de calcular os coeficientes de transferência de massa tanto na fase líquida como na fase gasosa, bem como os respectivos fluxos de massa de oxigénio derivados desses coeficientes.

Foi também efectuado um estudo teórico da fisiologia e dos requisitos nutricionais dos microrganismos para compreender as suas necessidades de crescimento. Este estudo permitiu uma descrição detalhada do processo de transferência de massa de oxigénio na fermentação em estado sólido e forneceu informações sobre a concentração real de oxigénio necessária para os microrganismos.

Uma vez determinados os fluxos de massa através do desenvolvimento teórico, estes foram comparados com as taxas de caudal de ar utilizadas num estudo anterior realizado pelo grupo de investigação. Esta comparação permitiu determinar a taxa de caudal de ar necessária para um crescimento microbiano eficiente [3, 5, 7, 10, 11].

2.3. Modelação física e matemática

O sistema onde ocorre o bioprocesso está representado na Figura 2.1, e seu funcionamento está ilustrado na Figura 2.2.

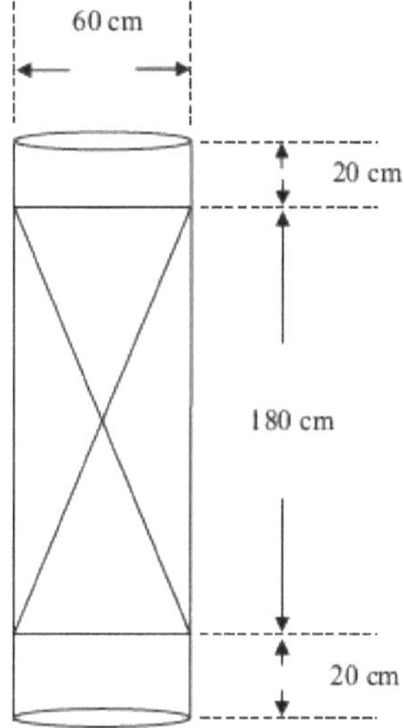

Figura 2.1 Bioreactor aeróbio

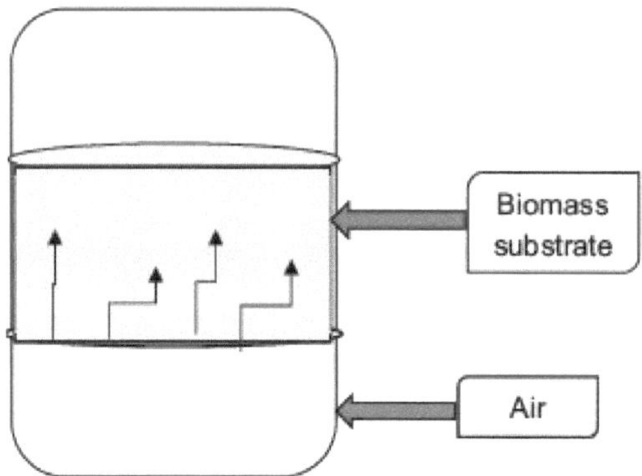

Figura 2.2 Representação gráfica do funcionamento do biorreactor e do bioprocesso

2.3.1 . Teoria da dupla resistência

Esta expressão estabelece que o fluxo mássico de oxigénio através da fase gasosa (N_{O_2}) é igual ao fluxo mássico de oxigénio que se difunde através da fase líquida. Este será também o fluxo de oxigénio na fase sólida [51, 52], ou seja:

$$N_{O_2} \text{ (fase gasosa)} = N_{O_2} \text{ (fase líquida)} = N_{O_2} \text{ (fase sólida)}$$

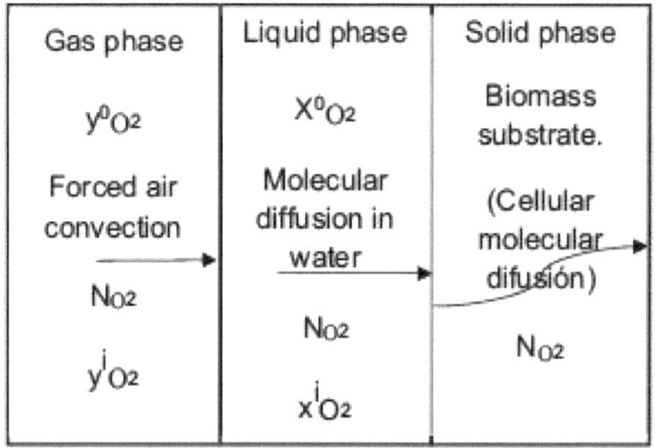

Figura 2.3 Representação gráfica do processo de transferência de massa envolvido no bioprocesso

Uma vez que se trata de um sistema em que a concentração de oxigénio é muito baixa, foi utilizada a equação de fluxo que relaciona os coeficientes de transferência de massa na fase líquida K′x e na fase gasosa K′y, que é:

$$N_{O_2} = \frac{\acute{K}_x}{x_{BM}}\left(x_{O_2}^i - x_{O_2}^0\right) = \frac{\acute{K}_y}{y_{BM}}\left(y_{O_2}^0 - y_{O_2}^i\right) \tag{1}$$

onde:

$$x_{BM} = \frac{\left(x_{O_2}^i - x_{O_2}^0\right)}{ln\left[\frac{\left(1-x_{O_2}^0\right)}{\left(1-x_{O_2}^i\right)}\right]} \qquad y \qquad y_{BM} = \frac{\left(y_{O_2}^0 - y_{O_2}^i\right)}{ln\left[\frac{\left(1-y_{O_2}^i\right)}{\left(1-y_{O_2}^0\right)}\right]} \tag{2}$$

Substituindo a Equação 2 na Equação 1, obtém-se a seguinte forma:

$$N_{O_2} = \acute{K}_x\, ln\left[\frac{\left(1-x_{O_2}^0\right)}{\left(1-x_{O_2}^i\right)}\right] = \acute{K}_y\, ln\left[\frac{\left(1-y_{O_2}^i\right)}{\left(1-y_{O_2}^0\right)}\right] \tag{3}$$

Representando, assim, a curva de funcionamento.

Ao reorganizar a Equação 3, ela pode ser representada na forma $y_{O_2}^i = f\left(x_{O_2}^i\right)$ torna-se:

$$y_{O_2}^i = 1 - \left(1 - y_{O_2}^0\right)\left[\frac{1-x_{O_2}^0}{1-x_{O_2}^i}\right]^{\frac{\acute{K}_x}{\acute{K}_y}} \tag{4}$$

Quando esta expressão é representada graficamente, permite gerar uma curva, cuja intersecção com a curva de equilíbrio determina os valores interfaciais efectivos [64].

Para tal, foi necessário determinar os coeficientes de transferência de massa K′x e K′y, que são necessários para obter as fracções molares interfaciais.

Uma vez determinadas, as fracções molares de oxigénio na interface foram calculadas para cada caudal de ar utilizando a equação:

$$y^i_{O_2} = 1 - \left(1 - y^0_{O_2}\right) \left[\frac{1-x^0_{O_2}}{1-x^i_{O_2}}\right]^{\frac{K_x}{K_y}} \tag{5}$$

e com a curva de equilíbrio do sistema O_2 -Água.

Os dados de equilíbrio para o sistema O_2 -Water estão tabelados na literatura [66], e a curva de equilíbrio para este sistema foi construída utilizando o Microsoft Excel 2021®.

O valor de $x^0_{O_2}$ é inicialmente assumido como zero por ser considerado um valor muito pequeno, o que faz com que a Equação 5 assuma a forma

$$y^i_{O_2} = 1 - \left(1 - y^0_{O_2}\right) \left[\frac{1}{1-x^i_{O_2}}\right]^{\frac{K_x}{K_y}} \tag{6}$$

O valor de $y^0_{O_2}$ corresponde à fração de oxigénio no ar, que é de 0,21.

Aqui está a tradução para o inglês americano:

A interceção resultante da representação gráfica da Equação 6 com os dados de equilíbrio do sistema O_2 -Água determinou os valores das fracções na interface. A partir da Equação 3, o termo que envolve a fase gasosa foi utilizado para calcular o fluxo de oxigénio:

$$N_{O_2} = \acute{K}_y \ ln \left[\frac{\left(1-y^i_{O_2}\right)}{\left(1-y^0_{O_2}\right)}\right] \tag{7}$$

e, em seguida, o termo que envolve a fase líquida da Equação 3 foi utilizado para calcular a fração global de oxigénio:

$$N_{O_2} = \acute{K}_x \, ln \left[\frac{\left(1-x^0_{O_2}\right)}{\left(1-x^i_{O_2}\right)} \right] \tag{8}$$

por rearranjo e simplificação da Equação 8:

$$x^0_{O_2} = 1 - (1 - x^i_{O_2})e^{N_{O_2}/\acute{K}_x} \tag{9}$$

A equação 9 foi utilizada para determinar o valor da fração global de oxigénio na fase líquida necessária para o crescimento microbiano durante a fermentação [53, 54, 55].

Posteriormente, foram testados vários caudais, seguindo o padrão da hipótese, até se obter um que correspondesse à concentração de oxigénio relatada na literatura [8, 9].

2.3.2. Coeficientes de transferência de massa

2.3.2.1. Convecção na fase gasosa

2.3.2.1.1. Análise dimensional para transferência de massa por convecção

A análise dimensional prevê os vários parâmetros sem dimensão na correlação de dados experimentais [64, 65].

Abaixo está o desenvolvimento da transferência de massa na interface gás-líquido num recipiente com aeração forçada, como no caso da fermentação em estado sólido [56, 57]. A transferência é o resultado da força motriz da concentração $(C_G^* - C_G)$. As variáveis importantes, seus símbolos e representações dimensionais (ver Tabela 2.1).

Tabela 2.1. Representação das variáveis envolvidas na análise dimensional na interface gás-líquido

Variável	Símbolo	Dimensões
Diâmetro do reservatório	T	L

Densidade do fluido	ρ	M/L^3
Viscosidade do fluido	μ	M/Lt
Velocidade do fluido	U	L/t
Difusividade do oxigénio	Do_2	L^2/t
Coeficiente de transferência de oxigénio	K_L	L/t

Aplicando o método de Buckingham, i = n - r, em que:

i = número de grupos independentes sem dimensão

n = número de variáveis envolvidas

r = posto da matriz dimensional

$i = 6 - 3 = 3$

Os três grupos independentes π que serão formados tomando Do_2, ρ y T como variáveis principais são:

$$\pi_1 = Do_2^a \, \rho^b \, T^c \, K_L$$

$$\pi_2 = Do_2^d \, \rho^e \, T^f \, U$$

$$\pi_3 = Do_2^g \, \rho^h \, T^i \, \mu$$

Escrevendo π_1 numa forma adimensional:

$$\pi_1 = Do_2^a \, \rho^b \, T^c \, K_L$$

$$L^0.t^0.M^0 = 1 = \left(\frac{L^2}{t}\right)^a . \left(\frac{M}{L^3}\right)^b . (L)^c . \left(\frac{L}{t}\right)$$

Equalização dos expoentes das dimensões fundamentais:

$$L: 0 = 2a - 3bc + 1$$
$$t: 0 = -a - 1$$

$$M: 0 = b$$

A solução para esta equação é:

$$a = -1, \ b = 0 \ \text{y} \ c = 1$$

Como se segue:

$$\pi_1 = \frac{K_L \cdot T}{Do_2} = Sh$$

Do mesmo modo para π_2 e π_3 :

$$\pi_2 = \frac{T \cdot U}{Do_2}$$

$$\pi_3 = \frac{\mu}{\rho \cdot Do_2} = Sc$$

Dividindo π_2 por π_3 obtém-se:

$$\frac{\pi_2}{\pi_3} = \left(\frac{T \cdot U}{Do_2}\right) \cdot \left(\frac{Do_2 \cdot \rho}{\mu}\right) = \frac{T \cdot U \cdot \rho}{\mu} = Re$$

O resultado da análise dimensional da transferência de massa em condições de convecção forçada para um tanque com aeração forçada indica que a correlação tem a forma:

$$Sh = f(Re, Sc) \tag{10}$$

2.3.2.1.2. Análise exacta da camada limite de concentração

De uma forma análoga ao desenvolvimento de Blasius para a transferência de calor por convecção, a extensão da solução de Blasius é estabelecida para incluir o transporte de massa por convecção numa geometria plana e num escoamento laminar [58, 59].

As equações consideradas neste caso são:

- A equação da continuidade bidimensional:

$$\frac{\partial V_x}{\partial x} + \frac{\partial V_y}{\partial y} = 0 \tag{11}$$

- A equação bidimensional de Navier-Stokes:

$$V_x \frac{\partial V_x}{\partial x} + V_y \frac{\partial V_y}{\partial y} = v \frac{\partial^2 V_x}{\partial y^2} \tag{12}$$

- A equação de transporte de massa bidimensional, sem considerar a reação química:

$$V_x \frac{\partial C_A}{\partial x} + V_y \frac{\partial C_A}{\partial y} = D_{AB} \frac{\partial^2 C_A}{\partial y^2} \tag{13}$$

O perfil de concentração para a análise da camada limite é estabelecido com a espessura da camada limite de concentração (Ct).

Onde são estabelecidas as seguintes condições de fronteira:

- $\dfrac{C_A - C_{AS}}{C_{A\infty} - C_{AS}} = 0 \qquad\qquad$ pt y = 0

- $\dfrac{C_A - C_{AS}}{C_{A\infty} - C_{AS}} = 1 \qquad\qquad$ en y = ∞

Depois de aplicar a análise de Blasius para resolver o sistema de equações diferenciais parciais dado pela Equação 11, Equação 12 e Equação 13, o resultado é

$$\acute{K}c_x = \frac{D_{AB}}{x}\left(0.332\, Re_x^{1/2}\right) \tag{14}$$

De onde:

$$Sh_x = \frac{\acute{K}c_x \cdot x}{D_{AB}} = 0.332\, Re_x^{1/2} \tag{15}$$

Esta expressão é válida para Sc = 1, pois para o caso de Sc ≠ 1, usa-se uma expressão para as espessuras da camada limite análoga à de Polhausen para transferência de calor, que é:

$$\frac{Vt}{Ct} = Sc^{1/3} \tag{16}$$

onde Ev é a espessura da camada limite de momento, resultando em

$$\acute{K}c_x = \frac{D_{AB}}{x} \cdot 0{,}332\, Re_x^{1/2} Sc^{1/3} \tag{17}$$

e o coeficiente médio para a placa será:

$$\acute{K}_c = \frac{D_{AB}}{L} \cdot 0{,}664\, Re^{1/2} Sc^{1/3} \tag{18}$$

resultando em:

$$Sh = 0{,}664\, Re^{1/2} Sc^{1/3} \tag{19}$$

E assim, obtém-se uma expressão da forma da Equação 10, consistente com a análise dimensional.

2.3.2.1.3. Análise aproximada de Von Karman

Quando o escoamento é diferente de laminar ou a configuração não é uma placa plana, pode ser utilizado o método aproximado de Von Karman [60, 61]. A expressão integral para a camada limite de concentração é a seguinte:

$$\frac{d}{dx} \int_0^{Ct} \left(C_A - C_{A,\infty} \right) V_x dy = K_L \left(C_{A,S} - C_{A,\infty} \right) \tag{20}$$

Em que a espessura da concentração (Ct) é a espessura da camada limite de concentração.

Agora, a transferência de oxigénio na camada limite de concentração é estabelecida pela seguinte expressão:

$$N_A = \left. \frac{\partial C_A}{\partial y} \right|_{y=0} = K_L\left(C_{A,S} - C_{A,\infty}\right) \qquad (21)$$

Para resolver a Equação 21, os perfis de concentração e de velocidade, que são normalmente desconhecidos, devem ser assumidos.

Os perfis de concentração e de velocidade assumidos devem satisfazer as condições de fronteira correspondentes baseadas na concentração e na velocidade, respetivamente.

Condições de fronteira de concentração:

- $C_A - C_{A,S} = 0$ pt y = 0
- $C_A - C_{A,S} = C_{A,\infty} - C_{A,S}$ en y = Ct (22)
- $\frac{\partial}{\partial y}\left(C_A - C_{A,S}\right) = 0$ en y = Ct
- $\frac{\partial^2}{\partial y^2}\left(C_A - C_{A,S}\right) = 0$ pt y = 0

Condições de velocidade:

- $V_x = 0$ pt y = 0
- $V_x = \infty$ en y = Vt
- $\frac{\partial V_x}{\partial y} = 0$ en y = Vt (23)
- $\frac{\partial^2 V_x}{\partial y^2} = 0$ pt y = 0

Onde Vt é a espessura da camada limite de momento.

Assumindo um perfil de concentração da forma:

$$C_A - C_{A,S} = a + by + cy^2 + dy^3 \qquad (24)$$

Uma vez que o perfil de concentração deve satisfazer as condições de fronteira, as constantes a, b, c e d são calculadas substituindo a Equação 22 na Equação 24.

$$\text{1) } C_A - C_{A,S} = 0 \qquad \text{pt } y = 0$$

$$\Rightarrow a = 0$$

$$\text{2) } C_A - C_{A,S} = C_{A,\infty} - C_{A,S} \qquad \text{pt } y = Ct$$

$$\Rightarrow b\, Ct + cCt^2 + dCt^3 = C_{A,\infty} - C_{A,S}$$

$$\text{3) } \frac{\partial}{\partial y}\left(C_A - C_{A,S}\right) = 0 \qquad \text{pt } y = Ct$$

$$\Rightarrow b + 2cCt + 3dCt^2 = 0$$

$$\text{4) } \frac{\partial^2}{\partial y^2}\left(C_A - C_{A,S}\right) = 0 \qquad \text{pt } y = 0$$

$$\Rightarrow c = 0$$

Como se segue:

$$a = 0;$$

$$b = \frac{3}{2}\frac{\left(C_{A,\infty} - C_{A,S}\right)}{Ct}; \qquad (25)$$

$$c = 0;$$

$$d = -\frac{1}{2}\frac{\left(C_{A,\infty} - C_{A,S}\right)}{Ct}$$

Aplicando a Equação 25 à Equação 24, obtém-se a Equação 26:

$$\frac{C_A - C_{A,S}}{C_{A,\infty} - C_{A,S}} = \frac{3}{2}\left(\frac{y}{Ct}\right) - \frac{1}{2}\left(\frac{y}{Ct}\right)^3 \Rightarrow C_A = \left[\left(\frac{3}{2}\left(\frac{y}{Ct}\right) - \frac{1}{2}\left(\frac{y}{Ct}\right)^3\right)\cdot\left(C_{A,\infty} - C_{A,S}\right)\right] + C_{A,S}$$

Do mesmo modo, se se assumir que o perfil de velocidade tem a mesma forma de série de potências:

$$V_x = P_1 + P_2 y + P_3 y^2 + P_4 y^3 \tag{27}$$

Então, a expressão resultante é:

$$\frac{V_x}{V_\infty} = \frac{3}{2}\left(\frac{y}{Vt}\right) - \frac{1}{2}\left(\frac{y}{Vt}\right)^3 \Rightarrow V_x = \left[\left(\frac{3}{2}\left(\frac{y}{Vt}\right) - \frac{1}{2}\left(\frac{y}{Vt}\right)^3\right)\right]\cdot V_\infty \tag{28}$$

Substituindo a Equação 26 e a Equação 28 na Equação 20, obtém-se a Equação 29:

$$\frac{d}{dx}\int_0^{Ct}\left[\left[\left(\frac{3}{2}\left(\frac{y}{Ct}\right) - \frac{1}{2}\left(\frac{y}{Ct}\right)^3\right)\cdot\left(C_{A,\infty} - C_{A,S}\right)\right] + \left(C_{A,S} - C_{A,\infty}\right)\right]\cdot\left[\left(\frac{3}{2}\left(\frac{y}{Vt}\right)\right.\right.$$
$$\left.\left. - \frac{1}{2}\left(\frac{y}{Vt}\right)^3\right)\right]\cdot V_\infty dy =$$
$$= -D_{AB}\frac{\partial}{\partial y}\left[\left(\frac{3}{2}\left(\frac{y}{Ct}\right) - \frac{1}{2}\left(\frac{y}{Ct}\right)^3\right)\cdot\left(C_{A,\infty} - C_{A,S}\right) + C_{A,S}\right]\Bigg|_{y=0}$$

Assim :

$$\Rightarrow \frac{d}{dx}\int_0^{Ct}\left[-\frac{3}{2}\left(\frac{y}{Ct}\right) + \frac{1}{2}\left(\frac{y}{Ct}\right)^3 + 1\right]\cdot\left(C_{A,S} - C_{A,\infty}\right)\cdot\left[\frac{3}{2}\left(\frac{y}{Vt}\right)\right.$$
$$\left. - \frac{1}{2}\left(\frac{y}{Vt}\right)^3\right]\cdot V_x dy$$

$$= \frac{3}{2}D_{AB}\frac{\left(C_{A,S} - C_{A,\infty}\right)}{Ct}$$

$$\Rightarrow V_\infty (C_{A,S} - C_{A,\infty}) \frac{d}{dx} \int_0^{Ct} \left[\frac{3}{2Vt} y - \frac{9}{4CtVt} y^2 - \frac{1}{2Vt^3} y^3 + \frac{3}{4Ct^3Vt} y^4 \right.$$

$$\left. + \frac{3}{4CtVt^3} y^5 - \frac{1}{4Ct^3Vt^3} y^6 \right] dy = \frac{3}{2} D_{AB} \frac{(C_{A,S} - C_{A,\infty})}{Ct}$$

Obtém-se a equação 30:

$$\Rightarrow \frac{d}{dx} \left[\frac{126}{840} \frac{Ec^2}{Ev} - \frac{9}{840} \frac{Ec^4}{Ev^3} \right] = \frac{3}{2} \frac{D_{AB}}{V_\infty Ec}$$

A aplicação da Equação 16 à Equação 30 resulta na Equação 31:

$$\frac{d}{dx} \left[\frac{126}{840} Sc^{-1/3} Ct - \frac{9}{840} Sc^{-1} Ct \right]$$
$$= \frac{3}{2} \frac{D_{AB}}{V_\infty Ct} \Rightarrow \frac{d}{dx} \left[\frac{126}{840} Sc^{-1/3} - \frac{9}{840} Sc^{-1} \right] Ct$$

$$= \frac{3}{2} \frac{D_{AB}}{V_\infty Ct}$$

Desprezando o termo da Equação 31 $\frac{9}{840} Sc^{-1}$ porque é muito pequeno comparado com $\frac{126}{840} Sc^{-1/3}$ e integrando:

$$Sc^{-1/3} \int_0^{Ct} Ct \, dCt = 10 \frac{D_{AB}}{V_\infty} \int_0^x dx$$

$$\Rightarrow Sc^{-1/3} \frac{Ct^2}{2} = 10 \frac{D_{AB}}{V_\infty} x$$

$$\Rightarrow Ct = \sqrt{20 \frac{D_{AB}}{V_\infty} Sc^{1/3} x} \qquad (32)$$

Substituindo a Equação 21 na Equação 29:

$$N_A = -D_{AB} \left. \frac{\partial C_A}{\partial y} \right|_{y=0} = K_L (C_{A,S} - C_{A,\infty})$$

$$\Rightarrow K_L\left(C_{A,S} - C_{A,\infty}\right) = -D_{AB}\frac{\partial}{\partial y}\left(\frac{3}{2}\left(\frac{y}{Ct}\right) - \frac{1}{2}\left(\frac{y}{Ct}\right)^3\right)\cdot\left(C_{A,\infty} - C_{A,S}\right) + C_{A,S}\Big|_{y=0}$$

$$\Rightarrow K_L\left(C_{A,S} - C_{A,\infty}\right) = \frac{3}{2}D_{AB}\frac{\left(C_{A,S} - C_{A,\infty}\right)}{Ct}$$

Resultados na Equação 33:

$$\Rightarrow K_L = \frac{3}{2}\frac{D_{AB}}{Ct}$$

Substituindo a Equação 32 na Equação 33, obtém-se

$$K_L = \frac{3}{2}D_{AB}\sqrt{\frac{V_\infty}{20D_{AB}Sc^{1/3}x}} \qquad (34)$$

Apresentando o Re_x , Sh_x y Sc:

$$Re_x = \frac{V_\infty x}{v}; \;\; Sh_x = \frac{K_L x}{D_{AB}}; \;\; Sc = \frac{v}{D_{AB}}$$

$$\Rightarrow K_L = \frac{3}{2}D_{AB}\sqrt{\frac{V_\infty x}{v}\cdot\frac{v}{D_{AB}}\cdot\frac{1}{20Sc^{1/3}x^2}}$$

Resultados na Equação 35:

$$K_L = \frac{3}{2}\frac{D_{AB}}{x}Re_x^{1/2}Sc^{1/3}\sqrt{\frac{1}{20}} \;\; \Rightarrow \frac{K_L x}{D_{AB}} = \frac{3}{2}\sqrt{\frac{1}{20}}Re_x^{1/2}Sc^{1/3}$$

Resultando na Equação 36:

$$Sh = 0.335Re^{1/2}Sc^{1/3}$$

Mais uma vez, obtém-se uma expressão na forma da Equação 10, consistente com a análise dimensional e a análise exacta da concentração na camada limite desenvolvida por Blasius. A precisão alcançada com a análise aproximada de Von Karman depende particularmente da semelhança dos perfis de concentração e velocidade assumidos com a realidade [64, 65].

O coeficiente de transferência de fase do gás (K'y) é determinado a partir da Equação 10. A melhor correlação que se ajusta ao sistema de fermentação em estado sólido [51, 52] é:

$$Sh = 1,09(Re.Sc)^{1/3} \quad \text{para} \quad Re.Sc \gg 1 \tag{37}$$

Por definição:

$$K_c^{'} = \frac{D_{AB}}{D} \tag{38}$$

O fluxo de massa é dado pela expressão:

$$N_A = \acute{K}_c(C_{A1} - C_{A2}) = \acute{K}_y(Y_{A1} - Y_{A2}) \tag{39}$$

A relação entre as forças motrizes é:

$$(C_{A1} - C_{A2}) = C(Y_{A1} - Y_{A2}) \tag{40}$$

Substituindo a Equação 40 na Equação 39, obtém-se

$$\acute{K}_c = \frac{\acute{K}_y}{C} \tag{41}$$

e a substituição da Equação 41 na Equação 38 resulta na Equação 42:

$$\frac{D_{AB}}{D} = \frac{\acute{K}_y}{C}$$

A resolução do coeficiente de transferência de massa na fase gasosa a partir da Equação 42 resulta na Equação 43:

$$\acute{K}_Y = \frac{C D_{AB}}{D}$$

Substituindo a Equação 43 na Equação 37, obtém-se a Equação 44:

$$\acute{K}_Y = \frac{C D_{AB}}{D_R} 1{,}09 (Re.\,Sc)^{1/3}$$

onde,

$$C_{Air} = \frac{P}{RT}$$

D_R = Diâmetro do reator = 60 cm

$$Re = \frac{\rho_{Aire} \hat{V}_{Aire} D_R}{\mu_{Aire}}$$

$$Sc = \frac{\vartheta_{aire}}{D_{O_2-Aire}} = \frac{\mu_{aire}}{\rho_{aire} D_{O_2-Aire}}$$

As propriedades físicas do ar (viscosidade, viscosidade cinemática e densidade) estão nas condições laboratoriais de T = 23 °C e P = 101,325 Pa.

Uma vez que K'y depende do caudal fornecido, foram calculados primeiro o número de Reynolds e o número de Schmidt, seguidos do coeficiente de transferência de massa para cada caudal.

2.3.2.2. Difusão molecular na fase líquida

O coeficiente de transferência de massa na fase líquida (K'x) é estabelecido a partir da Equação 38.

O caudal mássico é dado pela expressão:

$$N_A = \acute{K}_c(C_{A1} - C_{A2}) = \acute{K}_x(X_{A1} - X_{A2}) \tag{45}$$

A relação entre as forças motrizes é:

$$(C_{A1} - C_{A2}) = \frac{\rho}{M}(X_{A1} - X_{A2}) \tag{46}$$

Substituindo a Equação 46 na Equação 45, obtém-se

$$\acute{K}_c = \frac{M}{\rho}\acute{K}_x \tag{47}$$

e substituindo a Equação 47 na Equação 38, obtém-se a Equação 48:

$$\frac{D_{AB}}{D} = \frac{M}{\rho}\acute{K}_x$$

A resolução do coeficiente de transferência de massa na fase líquida a partir da Equação 48 resulta na Equação 49:

$$\acute{K}_x = \frac{\rho D_{AB}}{MD}$$

Onde ρ é a densidade da água a T = 23 ºC e P = 101,325 Pa, M é a massa molecular da água, e D é a espessura da película da fase líquida, assumida como sendo de 1 cm devido à dificuldade de a medir, mas sabe-se que é pequena [51, 52, 64].

2.3.2.3. Coeficientes de difusão

Estes são necessários para determinar o caudal mássico global do sistema. Estes coeficientes foram calculados tanto para a fase líquida como para a fase gasosa.

Para a fase gasosa, o coeficiente de difusão para o sistema oxigénio-ar é tabelado na literatura em diferentes condições. Para as condições de temperatura e pressão deste estudo, não foi encontrado um valor para o coeficiente de difusão, mas ele pode ser estimado usando a expressão [52, 64]:

$$D_{O_2-Aire}, T_2 = D_{O_2-Aire}, T_1 \left(\frac{T_2}{T_1}\right)^{3/2} \frac{\left(\Omega_{D_{O_2-Aire}}\right)_{T_1}}{\left(\Omega_{D_{O_2-Aire}}\right)_{T_2}} \qquad (50)$$

Onde:

D_{O_2-Air}: Coeficiente de difusão na fase gasosa

T_1 : Temperatura tabelada

T_2 : Temperatura do sistema

Ω: Função de temperatura sem dimensão e campo de potencial intermolecular

Se não estiverem disponíveis coeficientes de difusividade para o par de sistemas em estudo, pode ser utilizada a expressão para misturas binárias de gases não polares a baixas pressões desenvolvida por Chapman-Enskog [64]. O valor do coeficiente de difusão na fase gasosa foi estimado em condições laboratoriais de T = 23 °C e P = 101,325 Pa.

O valor do coeficiente de difusão na fase líquida também é tabelado na literatura em diferentes condições. Para as condições deste estudo, não foi encontrado um valor de coeficiente de difusão, mas ele pode ser estimado usando a Equação 51 [66]:

$$\frac{D_{O_2-Water,T_1} \times \mu_1}{T_1} = \frac{D_{O_2-Water,T_2} \times \mu_2}{T_2}$$

Onde:

$D_{O_2-Water}$: Coeficiente de difusão na fase líquida

μ : Viscosidade da solução diluída

T_1 : Temperatura tabelada
T_2 : Temperatura do sistema

Se não existirem coeficientes de difusividade registados para o par de sistemas em estudo, pode ser utilizada a expressão de Wilke e Chan [52, 64].

O valor do coeficiente de difusão na fase líquida foi estimado em condições laboratoriais de T = 23 °C e P = 101,325 Pa.

2.4. Processamento de dados

O procedimento de determinação do caudal de ar necessário para transferir o oxigénio contido na fase gasosa para a fase líquida e atingir uma concentração global de oxigénio de 0,12 mg/L (concentração média consumida pela população microbiana [8, 9]) exige a resolução de uma equação logarítmica com duas incógnitas e dados de equilíbrio representados num gráfico com elevada precisão.

Para o efeito, foi utilizado o Microsoft Excel 2021®. Trata-se de uma ferramenta que permite introduzir equações para apresentar sistematicamente os resultados para cada valor de entrada, criar gráficos e interceptá-los com precisão para ler as suas coordenadas.

Ao introduzir cada valor de caudal de ar, o software calculou cada variável necessária para determinar os coeficientes de transferência de massa, produzindo valores operacionais. Em seguida, construiu gráficos desses valores e da curva de equilíbrio, cuja intersecção permitiu determinar os valores das fracções na interface gás-líquido e efetuar cálculos para obter o caudal mássico para cada caudal e, assim, a fração global de oxigénio na fase líquida e, consequentemente, a concentração de oxigénio.

Deste modo, o Microsoft Excel 2021® é recomendado para efetuar cálculos quando apenas estão disponíveis alguns pontos de dados e como alternativa aos métodos de cálculo convencionais.

2.5. Otimização do caudal de oxigénio

Comparando os valores da concentração de oxigénio obtidos com os cálculos efectuados no Microsoft Excel 2021® com a concentração exigida pelos microrganismos [8, 9], foram iniciados testes com diferentes caudais de ar de acordo com a hipótese proposta. Foram utilizados os mesmos modelos matemáticos e procedimentos até se determinar o caudal de ar que atinge a concentração óptima de oxigénio necessária para o desenvolvimento completo dos microrganismos.

CAPÍTULO 3: RESULTADOS E DISCUSSÕES

A Tabela 3.1 apresenta os valores dos coeficientes de difusividade tanto para a fase líquida quanto para a fase gasosa do bioprocesso, nas condições de 23 ºC e 101,325 Pa. O valor do coeficiente de difusividade para a fase líquida foi ajustado utilizando-se a relação proposta por Green & Perry (2008) [66] para estimar o coeficiente de difusividade para as condições operacionais a partir de um valor experimental de difusividade e temperatura. Os valores de viscosidade da água, sendo uma solução diluída, necessários para a relação, foram retirados da literatura para as condições experimentais e operacionais. Os valores experimentais foram a 25 ºC e 101.325 Pa , sendo a viscosidade da água de $9,01 \times 10^{-4}$ kg/m.s e o coeficiente de difusividade para o sistema oxigénio-água de $2,05 \times 10^{-5}$ cm^2/s. O valor da viscosidade para as condições de funcionamento na fase líquida foi de $9,50 \times 10^{-4}$ kg/m.s.

O valor do coeficiente de difusividade para a fase gasosa do bioprocesso foi ajustado utilizando a relação proposta por Bird et al. (2002) [52], a partir de um valor experimental determinado em condições específicas, para estimar o coeficiente de difusividade para as condições de operação. Neste caso, os valores da função temperatura adimensional e do campo de potencial intermolecular Ω foram determinados para cada temperatura, resultando em um coeficiente de difusividade para o sistema oxigênio-ar a 0 ºC e 101,325 Pa. Nestas condições, o valor do coeficiente de difusividade foi de $1,75 \times 10^{-1}$ cm^2/s, e a função adimensional Ω foi de 0,9878, enquanto que para as condições de operação, Ω foi de 0,9672.

Tabela 3.1. Coeficientes de Difusividade a 23 ºC e 101,325 Pa

Sistema	D_{O_2} (cm^2/s)
Oxigénio-água	$2,18\times10^{-5}$
Oxigénio-Ar	$2,02\times10^{-1}$

A Tabela 3.2 mostra os valores do número de Reynolds sem dimensão (Re) e do número de Schmidt (Sc), juntamente com o seu produto, necessários para calcular o coeficiente de transferência de massa na fase gasosa. Para calcular estes números adimensionais, foram necessários os valores da densidade e da viscosidade do ar, uma vez que o ar é a principal fonte de oxigénio para o bioprocesso, essencial para um desenvolvimento microbiano ótimo e eficiente. Nas condições de funcionamento, o valor tabelado da densidade do ar é de 1,1938 kg/m³ e a viscosidade é de $1,8272\times10^{-5}$ kg/m.s. Utilizando estes valores e o diâmetro do reator, que é de 60 cm, foi calculado o número de Reynolds e, com a densidade, a viscosidade e o coeficiente de difusividade na fase gasosa, foi determinado o número de Schmidt.

O produto destes números deve ser muito superior a um para que a relação que determina o coeficiente de transferência de massa na fase gasosa seja válida. O número de Reynolds depende principalmente do caudal mássico do ar, indicando que um caudal mais elevado resultará num número de Reynolds mais elevado. O produto dos números Re e Sc satisfaz a condição da correlação para a sua utilização no processo de fermentação em estado sólido em estudo.

Tabela 3.2. Valores dos números adimensionais Re e Sc

Caudal de ar (L/min)	Re	Sc	Re.Sc
30	69,33	0,76	52,53
50	115,56	0,76	87,55
80	184,89	0,76	140,08
140	323,56	0,76	245,14

A Tabela 3.3 mostra os valores dos coeficientes de transferência de massa para ambas as fases e para cada caudal. O valor de K'y depende de cada caudal, uma vez que é principalmente uma função do número de Reynolds e do número de Schmidt, com a transferência de massa a ocorrer por convecção. O coeficiente de transferência de massa para a fase líquida permanece constante, uma vez que a transferência nesta fase ocorre por difusão e depende principalmente do coeficiente de difusividade [51, 52].

Para calcular o coeficiente de transferência de massa na fase líquida, foi necessário utilizar a densidade da água e o seu peso molecular, uma vez que se trata de uma solução diluída devido à muito baixa solubilidade do oxigénio na água [51]. A densidade da água, em condições óptimas de funcionamento, foi encontrada na literatura como sendo de 0,99 g/cm^3, e o valor da espessura da película na interface é assumido como sendo de 1 cm [66]. Este valor é assumido porque esta distância não pode ser medida fisicamente e apenas se sabe que é muito pequena e consistente com a dimensão do sistema [51, 52].

Para a fase gasosa, foram também necessários os valores da concentração de ar e do diâmetro do reator. O reator tem um diâmetro de 60 cm, e a concentração total de ar foi calculada utilizando a lei dos gases ideais. Este valor foi de 4,115x10^{-5} mol/cm^3. Utilizando estes valores e a expressão em termos dos números Re e Sc, cada coeficiente de transferência de massa foi calculado para cada caudal.

Tabela 3.3. Coeficientes de transferência de massa para diferentes caudais

Caudal de ar (L/min)	K_y (mol/cm^2 .s)	K_x (mol/cm^2 .s)^1
30	5,658E-07	1,198E-06
50	6,709E-07	1,198E-06
80	7,846E-07	1,198E-06
140	9,456E-07	1,198E-06

Para calcular as fracções de interface, foi traçada a curva de funcionamento, que resulta da aplicação da Teoria da Dupla Resistência, que afirma que o fluxo de massa do fluido é igual em ambas as fases [51, 52].

Quando reorganizada, a fração da interface de oxigénio na fase gasosa é expressa em função da fração da interface de oxigénio na fase líquida. Inicialmente, a fração global de oxigénio na fase líquida é assumida como sendo zero, uma vez que é um valor muito pequeno devido à baixa solubilidade do oxigénio na água [66, 67]. Da mesma forma, a curva de equilíbrio do sistema oxigénio-água [66, 67] é traçada nas mesmas coordenadas, de modo a que a intersecção de ambas as curvas produza as fracções de oxigénio na interface. Esta operação foi efectuada para cada caudal de ar fornecido. A Figura 3.1 mostra as duas curvas para um caudal de 30 L/min, a Figura 3.2 para 50 L/min, a Figura 3.3 para 80 L/min e a Figura 3.4 para 140 L/min. Todas estas curvas mostram grande semelhança e diferem apenas ligeiramente na quantidade de oxigénio que é absorvido na interface gás-líquido. Isto deve-se ao facto de a concentração de oxigénio na fase inicial da fermentação permanecer constante em todo o substrato [6]. A curva de equilíbrio mostra que, para valores elevados da fração de oxigénio na fase gasosa, os valores correspondentes na fase líquida apresentam uma tendência muito ligeira para aumentar. A curva de funcionamento mostra, em todos os casos, um comportamento praticamente constante da transferência de oxigénio da interface para a fase líquida.

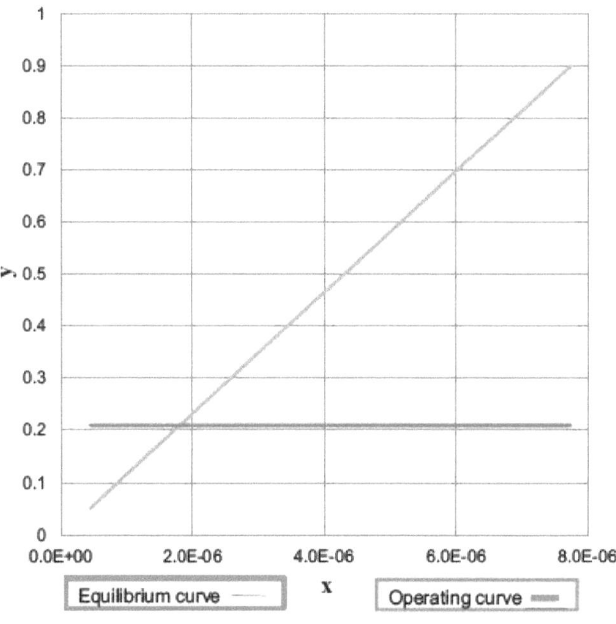

Figura 3.1 Curva de equilíbrio vs. curva de funcionamento para um caudal de ar de 30 L/min

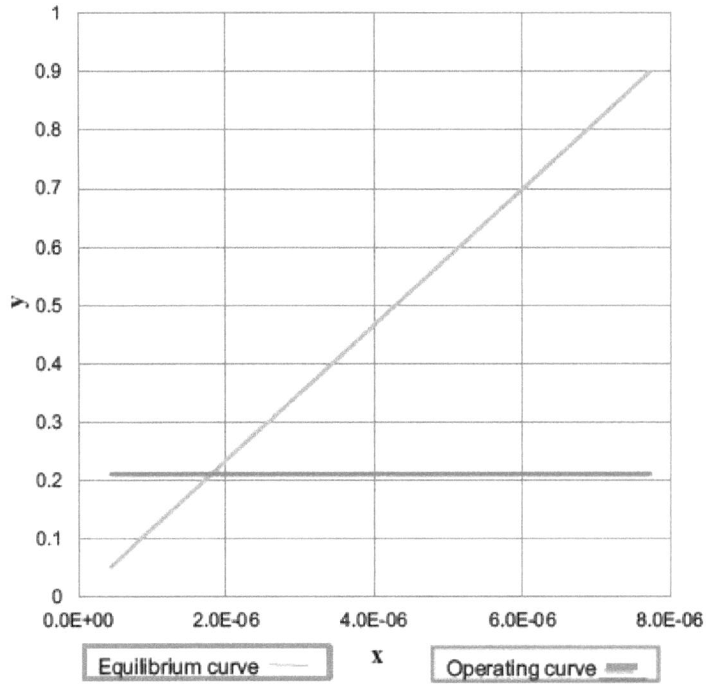

Figura 3.2. Curva de equilíbrio vs. curva de funcionamento para um caudal de ar de 50 L/min

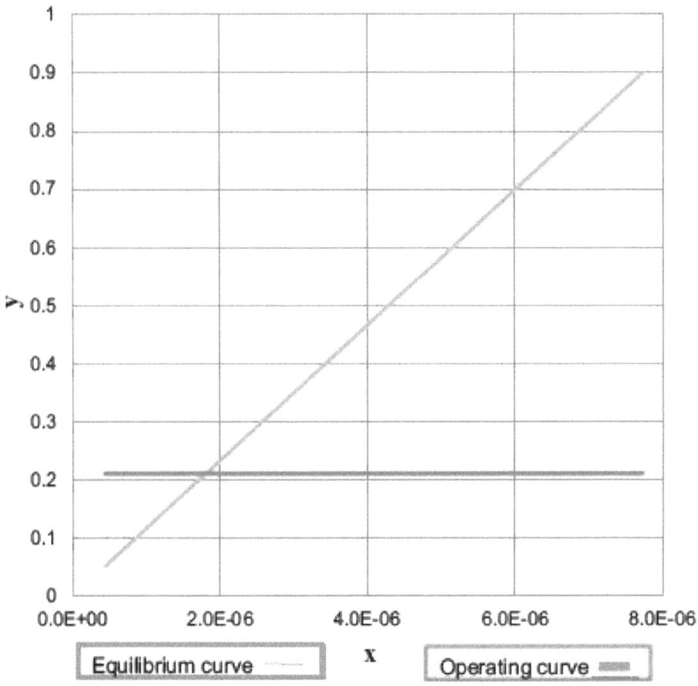

Figura 3.3. Curva de equilíbrio vs. curva de funcionamento para um caudal de ar de 80 L/min

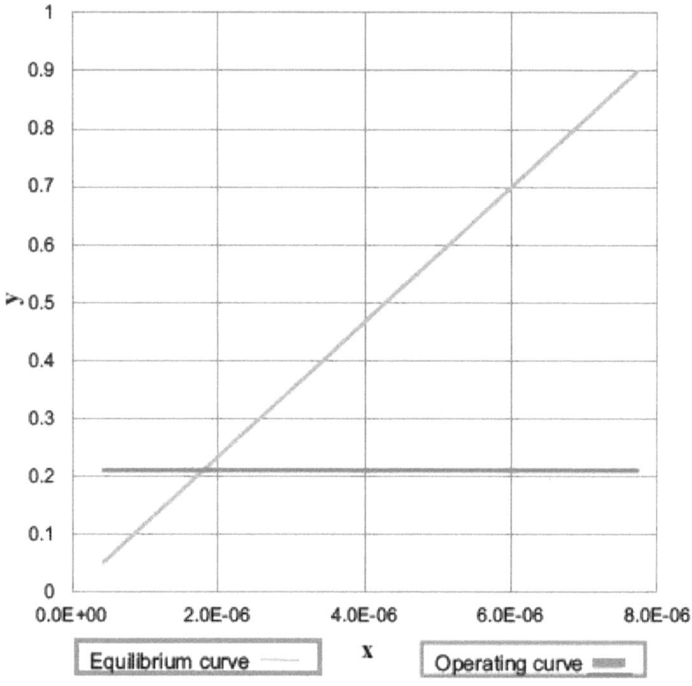

Figura 3.4. Curva de equilíbrio vs. curva de funcionamento para um caudal de ar de 140 L/min

Os dados apresentados na Tabela 3.4 confirmam a variação mínima na transferência de oxigénio na interface. A absorção de oxigénio da interface para a fase líquida mantém-se constante e, à medida que é fornecida uma maior quantidade de ar, a transferência de oxigénio da interface para a fase líquida diminui. Isto acontece porque a taxa de arejamento depende da espessura da camada e da porosidade do meio e, além disso, para cada processo, microrganismo e substrato, os efeitos da pressão de oxigénio devem ser optimizados [1, 2].

Tabela 3.4. Valores das fracções da interface gás-líquido para diferentes caudais

Caudal de ar (L/min)	$x^i_{O_2}$	$y^i_{O_2}$
30	$1,8 \times 10^{-6}$	0,2099975
50	$1,8 \times 10^{-6}$	0,2099981
80	$1,8 \times 10^{-6}$	0,2099985
140	$1,8 \times 10^{-6}$	0,2099988

A Tabela 3.5 mostra que, à medida que o caudal de ar fornecido ao bioprocesso aumenta, o caudal mássico de oxigénio diminui, enquanto a concentração de oxigénio aumenta. medida que o ar é fornecido ao bioprocesso, o teor de água no substrato fica saturado de oxigénio, resultando num aumento da fração global de oxigénio na fase líquida e, consequentemente, da concentração de oxigénio. Berradre et al. (2009) [5] relatam que um caudal de 50 L/min fornecido durante duas horas assegurou uma boa fertilização com requisitos mínimos de energia. Isto deve-se ao bom teor de humidade aplicado ao meio, que facilitou a transferência de oxigénio da fase líquida para a fase sólida [5, 7].

Para caudais superiores a 30 L/min e 50 L/min, o bioprocesso foi menos eficiente, uma vez que o fornecimento de ar elevado reduz o teor de humidade, provocando uma evaporação brusca da água, o que inibe a atividade microbiana e prejudica a boa difusão do oxigénio no substrato. A diminuição da temperatura não permitiu que o processo atingisse o intervalo ótimo para garantir uma maior eficiência na segurança microbiológica do fertilizante orgânico. O fornecimento de ar elevado pode também contribuir para a volatilização do amoníaco. Além disso, uma concentração excessiva de oxigénio é também prejudicial para o bioprocesso, uma vez que se torna tóxico para a população microbiana [5, 8, 9, 50].

Tabela 3.5. Valores dos Fluxos de Massa, Fração Global na Fase Líquida e Concentração de Oxigénio para Diferentes Caudais de Ar

Caudal de ar (L/min)	N_{O_2} (mol/cm^2.s)	$x^0_{O_2}$	Concentração O_2 (mg/L)
30	1,79060E-12	3,053E-07	0,3053
50	1,61347E-12	4,532E-07	0,4532
80	1,48984E-12	5,564E-07	0,5564
140	1,43629E-12	6,011E-07	0,6011

A Tabela 3.6 mostra os resultados dos cálculos para caudais de ar inferiores a 30 L/min para atingir a concentração óptima exigida pelos microrganismos. Neste caso, observa-se que à medida que o caudal de ar diminui, o caudal mássico aumenta, o que resulta numa menor transferência de oxigénio da interface para a fase líquida, permitindo atingir o nível de concentração de oxigénio desejado para o bioprocesso [8, 9]. A concentração de oxigénio adequada para o desenvolvimento ótimo dos microrganismos nos processos de fermentação é de 0,12 mg/L, o que garantirá que, uma vez iniciada a transferência de oxigénio após a fase inicial, seja gerado o calor necessário para a produção de um fertilizante isento de agentes patogénicos [8, 1, 2].

Com esta concentração, é também assegurado um caudal de ar ótimo para controlar o teor de humidade e a temperatura. Campos et al. (2001) [33] relatam o uso de uma taxa de fluxo de ar de 200 L/h (3,33 L/min) na fermentação em estado sólido do fungo *Trichoderma viride* usando bagaço de cana de açúcar e serragem como substratos, alcançando um valor ótimo de crescimento microbiano de 7,82x10^9 células/mL com teor de umidade e temperatura estáveis durante o bioprocesso. Rahardjo et al. (2005) [32] relatam a utilização de caudais de 12 dm^3/h (0,2 L/min) e 24 dm^3/h (0,4 L/min) na produção de α-amilase a partir da fermentação em estado sólido de *Aspergillus oryzae* utilizando ágar dextrose de batata como substrato, e observaram que *o Aspergillus oryzae* cresce de forma óptima mesmo com uma concentração de oxigénio na fase gasosa inferior a 3 %, mas o seu crescimento foi afetado com concentrações de oxigénio inferiores a 1 % na mesma fase. Estes valores confirmam a hipótese proposta para este estudo científico.

Tabela 3.6. Valores dos fluxos de massa, fração global na fase líquida e concentração de oxigénio para caudais de ar inferiores a 30 L/min

Caudal de ar (L/min)	N_{O_2} (mol/cm^2 .s)	$x^0_{O_2}$	Concentração O_2 (mg/L)
10	1,88713E-12	2,247E-07	0,2247
9	1,91789E-12	1,991E-07	0,1991
7	1,98425E-12	1,437E-07	0,1437
5	**2,01022E-12**	**1,220E-07**	**0,1220**
4	2,04908E-12	8,956E-08	0,0896

CONCLUSÕES

- O processo de transferência de massa de oxigénio na fermentação ocorreu por convecção da fase gasosa para a fase líquida e por difusão da fase líquida para a fase sólida.

- A Teoria da Dupla Resistência adequou-se perfeitamente ao processo de fermentação em estado sólido, permitindo o cálculo dos fluxos de oxigénio envolvidos na transferência de massa.

- Para cada caudal de ar, os coeficientes de transferência de massa foram determinados utilizando os modelos matemáticos propostos.

- A gama de caudal de ar ideal para satisfazer as necessidades de oxigénio da população microbiana na fermentação em estado sólido de resíduos de uva situa-se entre 4 L/min e 7 L/min, com um caudal de 5 L/min que proporciona o consumo adequado para os microrganismos.

- Os caudais de ar fornecidos experimentalmente à fermentação em estado sólido de resíduos de uvas foram superiores aos necessários.

REFERÊNCIAS

[1] Machado, J. & Ferrer, J. (2024). Bioreactor de coluna de leito fixo. Londres, Reino Unido: LAP Lambert Academic Publishing.

[2] Ferrer, J. & Medina, A. (2024). Solid-state fermentation. Londres, Reino Unido: Editorial Académica Española.

[3] Ferrer J., Páez G., Mármol Z., Ramones E., Chandler C., Marín M., & Ferrer A. (2001). Agronomic use of biotechnologically processed grape wastes. *Bioresource Technology, 76* (1), 39-44. https://doi.org/10.1016/S0960-8524(00)00076-6.

[4] Ferrer, J. R., Machado, J. L., & Brieva, J. (2014). Fermentação em estado sólido: Uma alternativa biotecnológica para o aproveitamento de resíduos agroindustriais. fermentação: uma alternativa biotecnológica para o aproveitamento de resíduos agroindustriais. Revista URU Tecnocientífica, 7, 11-22.

[5] Berradre, M., Mejías, M., Ferrer, J., Chandler, C., Páez, G., Mármol, Z., Ramones, E., & Fernandez, V. (2009). Fermentação em estado sólido de resíduos gerados na indústria vitivinícola. *Revista da Faculdade de Agronomia LUZ, 26*(3), 398-422.

[6] Pandey A. (2003). Fermentação em estado sólido. *Biochemical Engineering Journal, 13*, 81-84.

[7] Chandler C., Ferrer J., Mármol Z., Páez G., Ramones E., & Perozo R. (2008). Efeito da Aeração na Compostagem do Bagaço de Cana-de-Açúcar. *Multiciencias, 8*(1), 19-27.

[8] Ivanov, V. (2011). Microbiologia ambiental para engenheiros. Boca Raton, EUA: CRC Press.

[9] Gaudy Jr. Anthony F. y Gaudy Elizabeth T. (1982). Microbiology for environmental scientists and engineers. New York: McGraw-Hill Book Company.

[10] Brieva, J. P., Ferrer, Fernández, C., & Ortega, J. (2016). Efeito da Aeração na Produção de Fertilizante Orgânico através da Fermentação em Estado Sólido de Resíduos de Uva Branca. *Revista Tecnocientífica URU, 10*, 41-50.

[11] Medina, A., Ferrer, J., & Brieva, J. (2015). Avaliação do Produto Obtido a partir da Fermentação em Estado Sólido de Resíduos de Uva Branca para Uso como Fertilizante Orgânico. *Revista Estudantil Tecnocientífica URU, 1*, 33 - 42.

[12] Roussos, S., & Perreud-Gaime, I. (1996). Fisiologia de microorganismos utilizados em processos de fermentação em estado sólido. Em E. Galindo (Ed.), Frontiers in Biotechnology and Bioengineering, Sociedade Mexicana de Biotecnologia e Bioengenharia, (pp. 341-348).

[13] Blandino, A., Dravillas, K., Cantero D., Pandiella S., & Webb C. (2001). Utilização de flúor de trigo integral para a produção de pectinases extracelulares por algumas estirpes de fungos. *Process Biochemistry, 37*, 497 - 503.

[14] Vaccarino, C., Lo Curto, R., Tripodo, M., Patané, R., & Ragno, A. (1992). O bagaço de uva como fonte de alimento para animais altera os tratamentos químicos e a fermentação com fungos. *Bioresource Technology, 40*, 35 - 41.

[15] Santiago, B., Ferrer, J., De Colmenares, N., & Páez, G. (1993). Resíduos de uva e seu potencial uso industrial. *Revista Técnica de Engenharia Universidad del Zulia, 16*(3), 199 - 208.

[16] Suprabah, G., Sindhu R., & Shankar S. (2008). Produção de xilanase fúngica em condições de fermentação em estado sólido e submersa. *Afr. J. Microbiol. Res., 2*(1), 82-86.

[17] Bhargav S., Panda B., Ali M., & Javed S. (2008). Fermentação em estado sólido: An overview. *Chem. Biochem. Eng. Q., 22*(1), 49-70.

[18] Botella C., Diaz A., De Ory I., Webb C., & Blandino A. (2008). Produção de xilanase e pectinase por Aspergillus awamory em bagaço de uva em fermentação em estado sólido. *Process Biochem, 42*(1), 98-101.

[19] Ferrer, J., & Sánchez, E. (1994). Produção de uma solução nutritiva para culturas hidropónicas a partir de resíduos de uva (*Vitis vinifera L.*). *Revista Técnica de Engenharia Universidad del Zulia, 17*(3), 197-206.

[20] Ferrer, J., Mujica, D., & Páez, G. (1993). Produção de composto a partir de resíduos de uva. *Revista Técnica de Engenharia Universidad del Zulia, 16*(3), 191-198.

[21] Ferrer, J., & Alejos, R. (2024). Ciência e tecnologia do processamento agroindustrial do caju. Londres, Reino Unido: Novas Edições Acadêmicas.

[22] Tengerdy, R., & Szakacs, G. (2003). Bioconversión de lignocelulósicos en fermentación en sustrato sólido. *Journal of Biochemical Engineering, 13*, 169-179.

[23] Ferrer, J., Páez, G., Chirinos, M., & Mármol, Z. (1995). Silagem de polpa de café. *Revista da Faculdade de Agronomia (LUZ), 12*, 417-428.

[24] Ferrer, J., Páez, G., & Chirinos, M. (1994). Desidratação e Digestibilidade In Vitro da Polpa de Café Ensilada. *Revista Técnica de Engenharia Universidad del Zulia, 17*(3), 189-195.

[25] Ferrer, J., Páez, G., & Chirinos, M. (1994). Bioprocessamento aeróbico da polpa de café. *Revista Técnica de Engenharia Universidad del Zulia, 17*(2), 67-74.

[26] Diorio, L., Forchiassin, F., Papinutti, V., & Sueldo, D. (2003). Atividade enzimática e degradação de diferentes tipos de resíduos orgânicos por

Saccobolus saccoboloides (Fungi, *Ascomycotina*). *Revista Ibero-Americana de Micologia, 20,* 11-15.

[27] Jian, L., & Yang, J. C. (2006). Calorimetria de processo na fermentação em estado sólido de resíduos de vinagre num bioreactor com pulsação de pressão de ar. *Chemical and Biochemical Engineering Quarterly, 20*(4), 449-455.

[28] Suryanarayan, S. (2003). Prática industrial atual em fermentações em estado sólido para a produção de metabolitos secundários: The Biocon India experience. *Biochemical Engineering Journal, 13,* 189-195.

[29] Nizamuddin, S., Sridevi, A., & Narasimha, G. (2008). Produção de β-galactosidase por *Aspergillus oryzae* em fermentação em estado sólido. *Jornal Africano de Biotecnologia, 7*(8), 1096-1100.

[30] Botella, C., De Ory, I., Webb, C., Cantero, D., & Blandino, A. (2005). Produção de enzimas hidrolíticas por *Aspergillus awamori* em bagaço de uva. *Biochemical Engineering Quarterly, 26,* 100-106.

[31] Botella, C., Diaz, A., De Ory, I., Webb, C., & Blandino, A. (2008). Produção de xilanase e pectinase por *Aspergillus awamori* em bagaço de uva em fermentação em estado sólido. *Process Biochemistry, 42*(1), 98-101.

[32] Rahardjo, Y. S. P., Sie, S., Weber, F. J., Tramper, J., & Rinzema, A. (2005). Efeito de baixas concentrações de oxigénio no crescimento e na produção de α-amilase de *Aspergillus oryzae* em sistemas modelo de fermentação em estado sólido. *Biomolecular Engineering, 21,* 163-172.

[33] Campos, S. M., González Morlá, A., Más, D., Alvarez González, L., & Cabeza Pullés, D. (2001). Influência de alguns parâmetros na fermentação em estado sólido de *Trichoderma viride*. Centro Nacional de Eletromagnetismo Aplicado (CNEA), *Tecnologia Química, XXI*(1).

[34] Paz-Lago, D., & Hernández, M. (2000). Purificação e caraterização parcial da enzima xilanase da preparação comercial Novoban 240. *Tropical Culture, 21*(2), 27-31.

[35] Pandey, A., Selvakumar, P., Soccol, C., & Nigam, P. (1999). Solid-state fermentation for the production of industrial enzymes (Fermentação em estado sólido para a produção de enzimas industriais). *Current Science, 77*, 149-152.

[36] Bermúdez, R., Morris, H., Donoso, C., Martínez, C., & Ramos, E. (2003). Influência da luz na qualidade proteica de *Pleurotus ostreatus var. florida*. *Cuban Journal of Biomedical Research, 22*(4), 226-231.

[37] Gervais, P., & Molin, P. (2003). The role of water in solid-state fermentation (O papel da água na fermentação em estado sólido). *Biochemical Engineering Journal, 13*(2-3), 85-101.

[38] Mitchell, D., & von Meien, O. (2000). Mathematical modeling as a tool to investigate the design and operation of the *Zymotis* packed-bed bioreactor for solid-state fermentation. *Biotechnology and Bioengineering, 68*, 127-135.

[39] Mitchell, D., von Meien, O., & Krieger, N. (2003). Desenvolvimentos recentes na modelação da fermentação em estado sólido: Transferência de calor e massa em bioreactores. *Biochemical Engineering Journal, 13*, 137-147.

[40] Marsh, A., Stuart, D., Mitchell, D., & Howes, T. (2000). Caracterização da mistura num bioreactor de tambor rotativo para fermentação em estado sólido. *Biotechnology Letters, 22*, 473-477.

[41] Hasan, S., Costa, J., & Sanzo, A. (1998). Simulação da transferência de calor da fermentação em estado sólido num bioreactor de leito empacotado. *Biotechnology Techniques, 12*, 787-791.

[42] Hardin, M., Mitchell, D., & Howes, T. (2001). Residence time distributions of gas flowing through rotating drum bioreactors. *Biotechnology and Bioengineering, 74*, 145-153.

[43] Menner, M., & Bahr, D. (1995). Fermentação em estado sólido de culturas iniciadoras num leito fluidizado. Parte 2. Modelação matemática. *Bioforum, 18*, 366-372.

[44] Ferrer, J., & Silva, V. (2018). Análise de Perigos e Pontos Críticos de Controlo (HACCP). Port Louis, Maurícia: Editorial Académica Española.

[45] Julián, R. M. C., & Ramos Sánchez, L. B. (2007). Fermentação em estado sólido (I). Produção de alimentos para animais. *Tecnologia Química, XXVII* (3).

[46] Bermúdez, R., Morris, H., Donoso, C., Martínez, C., & Ramos, E. (2003). Influência da luz na qualidade proteica de *Pleurotus ostreatus var. florida. Cuban Journal of Biomedical Research, 22*(4), 226-231.

[47] Dustet, J., & Izquierdo, E. (2003). Enriquecimento de proteína celular e produção de celulase: Duas alternativas para a transformação do bagaço de cana-de-açúcar. *Actas da II Conferência Internacional de Química*, Santa Clara.

[48] Lagunas, B. I. (2004). Produção de extractos enzimáticos por fermentação em estado sólido e sua aplicação em alimentos equilibrados para frangos de carne (tese de mestrado). Querétaro, México: Universidad Autónoma de Querétaro.

[49] Campos, S. M., Más, D., & Cabeza Pullés, D. (2005). Redução da poluição ambiental através da utilização de resíduos agrícolas. Centro Nacional de Eletromagnetismo Aplicado (CNEA). Cuba.

[50] Avendaño Rojas, D. A. (2003). O processo de compostagem (tese de bacharelato). Faculdade de Agronomia e Engenharia Florestal,

Departamento de Fruticultura e Enologia, Pontifícia Universidade Católica do Chile.

[51] Welty, J. R., Wicks, C. E., Wilson, R. E. & Rorrer, G. L. (2008). Fundamentals of Momentum, Heat, and Mass Transfer. (5ª Edição). John Wiley & Sons, Inc. Estados Unidos da América.

[52] Bird, R. B., Stewart, W. E., & Lightfoot, E. N. (2002). Fenómenos de transporte. (2ª Edição). John Wiley & Sons, Inc. Estados Unidos da América.

[53] Magalhães, A. I., Jr., de Carvalho, J. C., de Melo Pereira, G. V., Karp, S. G., Câmara, M. C., Coral, J. D., & Soccol, C. R. (2019). Biomassa lignocelulósica de resíduos agroindustriais na América do Sul: desenvolvimentos atuais e perspectivas. *Biocombustíveis, Bioprodutos e Biorrefinaria (Biofpr), 13*(6), 1505-1519. https://doi.org/10.1002/bbb.2048.

[54] Perazzini, H., & Bitti, M. T. (2022). Drying of Agro-Industrial Residues for Biomass Applications (Secagem de Resíduos Agro-Industriais para Aplicações de Biomassa). (Editor(es): Shahid-ul-Islam, Aabid Hussain Shalla, Salman Ahmad Khan). Handbook of Biomass Valorization for Industrial Applications (Manual de Valorização da Biomassa para Aplicações Industriais). Scrivener Publishing LLC.

[55] de Mello, A. F. M., de Souza Vandenberghe, L. P., Herrmann, L. W., et al. (2024). Estratégias e aspectos de engenharia no aumento de escala de biorreatores para diferentes bioprocessos. *Systems Microbiology and Biomanufacturing, 4,* 365-385.

[56] Mitchell, D.A.; Ruiz, H.A.; Krieger, N. (2023). Uma Avaliação Crítica de Estudos Recentes sobre Biorreatores de Leito Empacotado para Fermentação em Estado Sólido. *Processes, 11,* 872. https://doi.org/10.3390/pr11030872.

[57] Sosa-Martínez, J. D., Montañez, J., Contreras-Esquivel, J. C., Balagurusamy, N., Gadi, S. K., & Morales-Oyervides, L. (2023). Valorização de resíduos agroindustriais e de processamento de alimentos

para processos de fermentação em estado sólido: Um caso para otimizar a coprodução de enzimas hidrolíticas. *Journal of Environmental Management (JEM), 347*, 119067. https://doi.org/10.1016/j.jenvman.2023.119067.

[58] Yeoh, J. W., Jayaraman, S., Tan, S. G-D., Jayaraman, P., Holowko, M. B., Zhang, J., Kang, C-W., Leo, H. L., & Poh, C. L. (2021). Uma abordagem orientada por modelo para a otimização racional do bioprocesso microbiano. *Biotecnologia e Bioengenharia, 118*(1), 305-318.

[59] Tada, É. F. R., Bück, A., Tsotsas, E., & Thoméo, J. C. (2020). Transporte de massa em um tambor horizontal parcialmente preenchido: Modelagem e experimentos. *Chemical Engineering Science, 214*, 115448.

[60] Sánchez, Ó. J., & Montoya, S. (2020). Avaliação da produção de polissacarídeos e biomassa de três fungos de podridão branca por fermentação em estado sólido usando madeira e resíduos agroindustriais: Uma abordagem cinética. *Florestas, 11*, 1055. https://doi.org/10.3390/f11101055.

[61] Desobgo, S. C. Z., Mishra, S. S., Behera, S. K., & Panda, S. K. (2016). Aplicações de aumento de escala e modelagem de fermentação em estado sólido e demonstração na produção de enzimas microbianas relacionadas às indústrias alimentícias. Em *Microbial Enzyme Technology in Food Applications* (1ª ed.). CRC Press.

[62] Larios-Cruz, R., Prado-Barragan, A., Ruiz, H. A., Rodriguez-Jasso, R. M., Montanez, J. C., & Aguilar, C. N. (2018). Aspectos operacionais e de engenharia de biorreatores de leito empacotado para fermentação em estado sólido. Em *Materiais de alto desempenho e química projetada* (1ª ed.). Imprensa académica.

[63] Torrens, F., Balköse, D., & Thomas, S. (2018). Materiais de alto desempenho e química projetada (1ª ed.). New York: Academic Press.

[64] Ferrer, J. R. (2003). Fundamentos dos fenómenos de transporte. Faculdade de Engenharia, Universidade de Zulia, Venezuela.

[65] Morales, C. A. (1999). Coeficientes de transferência de oxigénio em fermentações submersas (Tese de licenciatura). Faculdade de Engenharia, Escola de Engenharia Química, Universidade de Zulia, Venezuela.

[66] Green, D. W., & Perry, R. H. (2008). Perry's Chemical Engineers' Handbook (8ª ed.). New York: McGraw-Hill.

[67] Acosta, E. (2010). Efeito da transferência de oxigénio na fermentação em estado sólido (Tese de licenciatura). Escola de Engenharia Química, Faculdade de Engenharia, Universidade de Zulia, Venezuela.

I want morebooks!

Buy your books fast and straightforward online - at one of world's fastest growing online book stores! Environmentally sound due to Print-on-Demand technologies.

Buy your books online at
www.morebooks.shop

Compre os seus livros mais rápido e diretamente na internet, em uma das livrarias on-line com o maior crescimento no mundo! Produção que protege o meio ambiente através das tecnologias de impressão sob demanda.

Compre os seus livros on-line em
www.morebooks.shop

Printed by Books on Demand GmbH, Norderstedt / Germany